香椿功能组分研究
及制备技术

王赵改 著

U0340612

郑州大学出版社

图书在版编目(CIP)数据

香椿功能组分研究及制备技术/王赵改著. —郑州:郑州大学出版社,
2021.5
ISBN 978-7-5645-7868-8

Ⅰ.①香… Ⅱ.①王… Ⅲ.①香椿-研究 Ⅳ.①S644.4

中国版本图书馆 CIP 数据核字(2021)第 083173 号

香椿主要功能组分研究及制备技术
XIANGCHUN ZHUYAO GONGNENG ZUFEN YANJIU JI ZHIBEI JISHU

策划编辑	袁翠红	封面设计	张 庆	
责任编辑	崔 勇	版式设计	叶 紫	
责任校对	杨飞飞	责任监制	凌 青	李瑞卿

出版发行	郑州大学出版社有限公司	地 址	郑州市大学路 40 号(450052)
出版人	孙保营	网 址	http://www.zzup.cn
经 销	全国新华书店	发行电话	0371-66966070
印 刷	郑州宁昌印务有限公司		
开 本	787 mm×1 092 mm 1 / 16		
印 张	10.5	字 数	251 千字
版 次	2021 年 5 月第 1 版	印 次	2021 年 5 月第 1 次印刷

书 号	ISBN 978-7-5645-7868-8	定 价	49.00 元

本书如有印装质量问题,请与本社联系调换。

前 言

　　西方医学之父希波克拉底曾说："让食物成为你的药物，而不要让药物成为你的食物"，如今膳食与健康在世界范围内引起前所未有的关注，使得功能性食品被誉为 21 世纪的主流食品，而植物来源的功能性组分成为功能性食品领域的新宠。自古以来我国就有"药食同源"的保健理念，中草药用于调节机体生理功能的历史悠久，是最早的功能性食品来源。香椿作为一种传统的中草药，最早文字记载于《唐本草》："叶煮水，可以洗疮、疥、风、疽"。李时珍在《本草纲目》中记其："嫩芽瀹食，消风祛毒"。我国民间常有"食用香椿，不染杂病"的说法。现代药理研究表明，香椿叶具有抗氧化、抗菌、抗肿瘤、抗病毒、抑制痛风活性等多种功能活性。香椿在我国虽然作为一种重要的中药材，但对其功能性组分系统研究较少，直到近十几年来，才开展了香椿功能性组分的研究。此外，植物体内共生的内生真菌，不引起寄主植物组织任何明显病害，但却可以产生与宿主植物相同或相似的生物活性物质；同时植物内生真菌作为微生物，具有生长速度快、发酵生产周期短、易于工业化发酵等特点，从而使植物内生真菌成为寻找和发现各种功能性组分的新资源。因此，研究香椿功能性组分及其内生真菌次级代谢产物的提取及其生物活性，对挖掘具有潜在应用价值的功能性组分和产品开发应用具有重要的现实意义。

　　本书主要内容取材于河南省农业科学院农副产品加工研究中心特色农产品加工研究室近十年的研究成果，同时也参考了国内外学者的相关研究内容，对于食品专业技术人员、香椿产业从业人员以及食品、日化等行业的产品研发、生产人员具有一定的参考价值。

　　本书共七章。第一章为功能性组分的分离方法与技术，较详细介绍了植物中功能性组分的提取、分离纯化与结构鉴定的技术与方法。第二章为植物中各类功能性组分研究概况，主要介绍了植物中的黄酮、多酚、生物碱、萜类、皂苷及多糖等功能性组分的定义、性质、提取工艺及生物活性。第三章为香椿功能性组分研究概况，较详细介绍了香椿中功能性组分的研究现状、活性及提取技术。第四到七章重点介绍了本团队在香椿功能性组分及其内生真菌次级代谢产物方面的研究成果。

在本书编写过程中得到了本团队成员王晓敏、史冠莹、蒋鹏飞、张乐、赵丽丽、王旭增的大力支持，同时，本书编撰过程中也参考了大量的国内外论文资料，在此表示由衷感谢！由于编者水平有限，加之时间仓促，书中难免有错误和不妥之处，欢迎读者批评指正。

王赵改

2021 年 4 月

目 录

1

第一章　功能性组分的分离方法与技术

功能性组分的提取分离与结构鉴定在天然药物研究中占有重要地位。功能性组分的提取分离与纯化曾是一项相对烦琐、耗时的工作。以往研究植物功能性组分时,主要依靠传统的溶剂法来进行提取,但存在效率低、分离困难等问题。因此选择合适的提取方法对植物中的微量组分或性质不稳定组分的提取显得尤为重要。而其中合理地选择单一或混合溶剂进行提取是进行样品有效分离纯化的第一步。纯化是利用光谱技术确定新物质结构、理化性质及生物活性的前提。要从含有几千种成分的植物提取物中分离出一种活性成分是项十分艰巨的任务,可能要经过许多分离纯化步骤。在进行物质纯化时,在初始阶段首先使用分离效率不高但能够大量处理样品的纯化手段。随着分离纯化步骤的进行,产物纯度不断提高,样品量不断减少。现代一些新的分离纯化技术及色谱仪器的使用使天然产物分离科学发生了革命性的变化,大大提高了物质的分离纯化效率,并可经常避免以往不稳定物质分离过程中所遇到的问题。化合物的结构鉴定是天然药物研究的重要内容之一。随着分析仪器的进步,确定化合物结构所需时间大大缩短。天然药物结构鉴定常用的"四谱"包括核磁共振谱、质谱、紫外光谱和红外光谱,熟悉各类化合物的结构特征,并记住特征谱学数据对结构鉴定十分重要。此外,利用 X 射线单晶衍射、圆二色谱等手段确定物质绝对构型也已成为研究者普遍追求的目标。同时,随着 LC-MS 和 LC-NMR 等联用技术的发展,快速从混合物中鉴别已知组分甚至鉴定新化合物的化学结构也已成为可能。

第一节　功能性组分的提取

提取又称浸提、固液萃取,根据植物组织中各种化学成分在溶剂中的溶解性能不同,选择对目标成分溶解度大而对其他杂质成分溶解度小的溶剂,用适当的方法将目标成分尽可能完全地从植物组织中溶解提取的过程。它的原理是在渗透、扩散作用下,溶剂渗透到植物组织细胞内部,溶解可溶性成分,形成细胞内外溶质的浓度差而产生渗透压,在渗透压的作用下,细胞外的溶剂不断进入植物组织中,溶解可溶性物质,细胞内的浓溶液不断向外扩散,直至细胞内外溶液浓度达到动态平衡即完成一次提取。滤出此溶液,再加入新溶剂,使细胞内外产生新的浓度差,提取可继续进行,直至目标成分全部或大部分溶出。

选择适当的提取方法不仅可以保证目标成分尽可能多的被提取出来,还能尽量避免杂质成分的干扰,简化后续的分离工作。另外,在提取活性成分前,通常需对所提取的植物组织进行粉碎预处理,这对有效成分的提取效率具有较大的影响。如采用超微粉碎设备对植物组织进行破壁处理,可更好地将其中的活性成分有效溶出;但在采用粉碎机进行粉碎时,由于高速撞击摩擦会导致植物组织温度升高,可能破坏植物中热不稳定成分,因此先用液氮或冰箱对植物降温再进行粉碎将有助于避免热不稳定成分的化学结构变化。

一、传统溶剂提取法

传统溶剂提取法包括浸渍法、渗漉法、煎煮法、回流提取法、连续回流提取法等。

(一)浸渍法

根据溶剂温度可分为热浸、温浸和冷浸等。此法比较简单,将粉碎的天然原材料装入适当容器中,加入定量溶剂(多用水或稀醇),振摇或搅拌,室温下浸渍3~5日或至规定时间,过滤,可重复提取2~3次,合并即得提取液。本法适用于有效成分遇热易破坏以及含多量淀粉、树胶、果胶、黏液质的天然药物的提取。但本法提取时间长,效率低,尤其用水浸渍时,水提取液易发霉变质。

(二)渗漉法

渗漉法是将粉碎天然原材料装入置渗漉筒中,由上部不断添加溶剂,溶剂渗过原料层向下流动过程中浸出有效成分的方法。当溶剂渗进原料溶出成分比重加大而向下移动时,上层溶液或稀浸出液便置换其位置,造成良好的浓度差,使扩散能较好地进行。但应注意控制流速,并随时补充新溶剂,使有效成分尽可能多地浸出。当渗滤液颜色极浅或渗滤液的体积相当于原材料重的10倍时,可认为提取完全。该法属于动态浸出法,有效成分浸出完全,浸出效果优于浸渍法,但溶剂消耗量较大,费时长,操作较麻烦。

(三)煎煮法

煎煮法是我国最早使用的传统的简易提取方法,至今仍是制备浸出制剂最常用的方法。由于浸出溶剂常用水,故有时也称为"水煮法"或"水提法"。操作时将粉碎的天然原材料放在适当容器中,加水浸过原料表面,充分浸泡后,直火或蒸汽加热煮,一般煮2~3次,每次0.5~1 h,煎煮次数及时间可按原料添加量及原料质地决定。直火加热时最好搅拌,以免局部原料受热太高,容易焦糊。煎煮法适用于有效成分能溶于水,且对湿、热均稳定的原料。煎煮法除了用于制备汤剂外,同时也是制备部分散剂、丸剂、片剂、颗粒剂及注射剂或提取某些有效成分的基本方法之一。此法简便,原料中大部分成分可被不同程度地提出,但煎煮液中杂质较多,除有效成分外,部分脂溶性物质及其他杂质也有较多浸出,不利于精制;此外含淀粉、黏液质、糖等成分较多的药材,加水煎煮后,其浸出也比较黏稠,过滤较困难,且容易发生霉变,含挥发性成分及有效成分遇热易破坏的原料不宜用此法。

(四)回流提取法

回流提取法是用乙醇等易挥发的有机溶剂提取原料成分,将浸出液加热蒸馏,其中挥发性溶剂馏出后又被冷却,重复流回浸出容器中浸提原料,直至有效成分回流提取完全的方法。操作时将粉碎的天然原材料装入大小适宜的烧瓶中(原料量为烧瓶容量的1/3~1/2),加溶剂使其浸过原料表面1~2 cm高,烧瓶上接一冷凝器,实验室多采用水浴加热,沸腾后溶剂蒸汽经冷凝器冷凝又流回烧瓶中。一般回流2~3次,每次1~2 h。此法提取效率较冷渗法高,但不适用于受热易破坏原料成分的浸出,且溶剂消耗量大,操作麻烦。由于操作的局限性,大量生产中较少被采用。

（五）连续回流提取法

该法是在回流提取法的基础上加以改进,用少量溶剂进行连续循环回流提取,将有效成分提取完全的方法。实验室常用仪器为脂肪提取器或称索氏提取器。该提取器由上、中、下三部分组成,上部是冷凝器,中部是带有虹吸管的提取器,下部是烧瓶。将盛原料的滤纸置于中部,内装物高度不得超过虹吸管,溶剂由上部加入烧瓶中,烧瓶置水浴上加热,溶剂受热汽化,通过中部提取器旁的通气侧管到达上部冷凝器,遇冷变为液体滴入提取器中,当滴入溶剂达一定高度时,因虹吸作用,使提取成分后的提取液又流入烧瓶中,其中溶剂因受热再汽化,而提取成分留在烧瓶中,如此连续操作,直至提取完全。由于提取成分受热时间较长,遇热不稳定易变化的成分不宜采用此法。

表1-1中所列的为传统溶剂提取法的各种方法与技术比较。

表1-1 传统溶剂提取法的各种方法与技术比较

提取方法	溶剂	操作	适用范围	特点
浸渍法	水、酸/碱水、稀醇	不加热	热不稳定成分	防腐,提取效率低
渗漉法	水、酸/碱水、稀醇	不加热	热不稳定成分	溶剂用量大,费时长
煎煮法	水	直火加热	水溶性成分	含挥发油成分、热不稳定成分不宜用
回流提取法	有机溶剂	水浴加热	脂溶性成分	溶剂消耗大,受热时间长,热不稳定成分不宜用
连续回流提取法	有机溶剂	水浴加热	亲脂性成分	溶剂用量大,提取效率高,热不稳定成分不宜用

（六）提取溶剂的选择

1.溶剂的选择依据

采用溶剂提取活性成分时,适宜溶剂的选择是关键,溶剂选择合适就能顺利把有效成分提取出来,如果选择不当很难把有效成分提取完全甚至提不出来。适宜的溶剂应符合以下要求:对目标成分溶解性大,对共存杂质溶解性小,即提取物纯度高、杂质少;不与目标成分起化学反应,且提取速度快;价廉、易得、易回收、安全低毒;良好溶剂的选择应遵循"相似相溶"原理。

2.常见的提取溶剂

溶剂可分为水、亲水性和亲脂性有机溶剂;被溶解物质也有亲水性及亲脂性之分。溶质在溶剂中的溶解遵循"相似相溶"原理,亲水性成分易溶于水或亲水性有机溶剂中,亲脂性成分易溶于亲脂性有机溶剂中。

水是一种强极性溶剂。水作溶剂经济易得,溶解范围广。天然产物中亲水性成分,如生物碱盐类、苷类、有机酸盐、鞣质、蛋白质、多糖、色素以及酶和少量的挥发油都能被水浸出,其缺点是浸出范围广,选择性差,容易浸出大量无效成分,给制剂、过滤带来困难,制剂色泽欠佳,易霉变、不易储存。

亲水性有机溶剂,一般指与水能混溶的有机溶剂,如乙醇、甲醇、丙酮等,以乙醇最常用。乙醇溶解性能较好,对天然植物细胞的穿透能力较强。亲水性成分除蛋白质、黏液质、果胶、淀粉和部分多糖等外,大多能在乙醇中溶解。难溶于水的亲脂性成分,在乙醇中的溶解度也较大。乙醇为有机溶剂,虽易燃,但毒性小,价格便宜,来源方便,有一定设备即可回收反复使用,而且乙醇的提取液不易发霉变质。因此,用乙醇提取的方法是历来最常用的方法之一。甲醇的性质和乙醇相似,沸点较低,易发生爆炸,并且有毒性,使用时应特别注意。

亲脂性有机溶剂,一般指与水不能混溶的有机溶剂,如石油醚、苯、乙醚、氯仿、乙酸乙酯、二氯乙烷等。这些溶剂的选择性能强,不能或不容易提取出亲水性杂质。但此类溶剂挥发性大,多易燃(氯仿除外),一般有毒,价格较贵,设备要求较高,且它们透入植物组织的能力较弱,往往需要长时间反复提取才能提取完全。如果天然植物中含有较多水分,用此类溶剂就很难浸出其有效成分,因此,大量提取天然植物原料时,直接应用这类溶剂有一定的局限性。特别是氯仿,由于其价格较贵,一般仅用于提纯精制有效成分。

常用溶剂性质见表1-2,各类功能组分极性与提取溶剂的关系见表1-3。

表1-2　常用溶剂性质

溶剂	沸点/℃	介电常数(20 ℃)	溶解度(20 ℃)	
			溶剂/水	水/溶剂
石油醚	30~120	1.89	不相互溶	
环己烷	80.7	2.05		
苯	80.1	2.23	7.8%	20.0%
乙醚	34.6	4.34	3.4%	2.6%
三氯乙烷	61.2	5.1	6.6%	1.2%
乙酸乙酯	77.1	6.4	7.94%	2.98%
正丁醇	117.7	17.8	8.5%	16.4%
丙酮	56.2	21.4	任意混合	
乙醇	77.8	25.8		
甲醇	64.6	33.7		
水	100	81.0		

表1-3　各类功能组分极性与提取溶剂的关系

极性强弱		结构类型	适合提取溶剂
亲脂性强		挥发油、脂肪油、叶绿素	石油醚
亲脂性较强		游离生物碱、苷元、甾类、萜类、某些有机酸	乙醚、三氯甲烷
中等极性	中偏小	某些苷类(如强心苷等)	三氯甲烷:乙醚(2:1)
	中等	某些苷类(如黄酮苷等)	乙酸乙酯
	中偏大	某些苷类(如蒽醌苷、皂苷等)	正丁醇
亲水性较强		极性大的苷、生物碱盐、鞣质	丙酮、乙醇、甲醇
亲水性强		蛋白质、氨基酸、糖类、无机盐等	水

3.影响提取效果的因素

影响提取效果的因素主要有粉碎度、提取温度、提取时间、溶剂用量和浓度差等。

（1）粉碎度　提取过程包括渗透、溶解、扩散等过程，因此样品粉碎得越细，表面积就越大，浸出过程就越快，但粉碎度过高，样品颗粒表面积过大，吸附作用增强，反而影响过滤速度。因此粉碎粒度需适中，一般以 20～60 目为宜。

（2）提取温度　冷提杂质少、效率低，热提杂质多、效率高。因温度升高，分子运动速度加快，渗透、溶解、扩散速度加快，所以提取效果好。但温度不宜过高，过高有些成分易破坏，同时杂质含量也增多，给以后分离精制带来困难。一般加热温度在 60 ℃ 左右为宜。

（3）提取时间　一般而言，提取时间越长，提取越完全。但时间过长，杂质成分也被浸提出来。如果用热水加热提取，一般提取 0.5～1 h，最多不超过 3 h，用乙醇加热回流提取，每次 1～2 h 为宜，用其他有机溶剂提取可适当延长时间。

（4）溶剂用量　溶剂用量一般为原料的 6～10 倍。溶剂用量多，浓缩费时；溶剂用量少，提取率低或提取次数多。

（5）浓度差　浓度差是原料组织内的浓度与外周溶液的浓度差异。浓度差越大，扩散推动力越大，越有利于提高提取效率。在提取过程中不断搅拌或更换新溶剂或采取流动溶剂的提取方法，可以增大扩散原料组织中有效成分的浓度差，以提高提取效果。所以回流提取法最好，浸渍法最差。

二、超声波提取技术

（一）概述

超声波是一种高频率的机械波。超声场主要通过超声空化向体系提供能量。频率范围在 15～60 kHz 的超声，常被用于过程强化和引发化学反应，超声波在植物有效成分提取等方面已有了一定应用。超声波提取技术是利用超声波具有的机械效应、空化效应和热效应，通过破坏植物原料的细胞，使溶剂渗透到植物细胞中，将植物原料中所含化学成分快速高效地提取出来的一项提取技术。超声波提取技术具有如下优点：提取时间短，一般为 20～40 min，比传统方法缩短 2/3 以上；提取温度低，对遇热不稳定、易水解或氧化的植物有效成分具有保护作用，且大大节省能耗；适用于绝大多数中药材和各类成分的提取；提取工艺运行成本低，操作简单易行。

（二）影响因素

超声波提取技术的主要影响因素有浸泡时间、超声温度及超声波频率等。

1.浸泡时间

浸泡时间对提取效率的影响实际上是植物原料湿润程度对提取效率的影响。理论上应将植物原料浸泡至透心，这样有利于溶剂渗入植物组织内部，从而将有效成分提取出来。但浸泡时间过长，植物组织内的糖类、黏液质等会扩散出来，并附着于植物表面而阻碍溶剂进入，从而影响提取效率。针对不同的植物原料，可通过实验来确定适宜的浸泡时间。

2.超声温度

超声波提取一般不需要加热,但由于其本身具有较强的热效应,且介质温度对空化作用强度有一定影响,因此控制提取温度也十分必要。例如,当以水为介质时,温度升高,水中小气泡(空化核)增多,对产生空化作用有利;但温度过高时,气泡中蒸汽压太高,将增强气泡闭合时的缓冲作用,导致空化作用减弱。研究表明,当以水为介质时,超声波提取温度宜控制在 60 ℃ 左右。当采用其他溶剂时,超声波提取温度可通过实验来确定。

3.超声波频率

超声波频率是影响有效成分提取率的主要因素之一。研究表明,对于大多数植物原料而言,当其他条件一定时,目标成分的提取率随超声波频率的增加而下降。但在实际应用中,应针对具体的植物原料和被提取组分,通过实验来确定适宜的超声波频率。此外,由于介质受超声波作用而产生的气泡尺寸不是单一的,存在一个分布范围,因此提取时超声波频率也应有一个变化范围。

三、微波辅助提取技术

(一)概述

微波是一种非电离的电磁辐射。微波辅助提取技术利用微波能进行物质萃取,是一种新发展起来的技术,是使用合适的溶剂在微波反应器中从天然植物组织中提取化学成分的技术和方法。微波辅助提取技术的原理是利用磁控管所产生的每秒 24.5 亿次超高频率的快速震动,使植物组织内分子间相互碰撞、挤压,有利于有效成分的浸出,提取过程中,植物组织不凝聚,不糊化。微波辅助提取技术具有选择性高、操作时间短、溶剂用量少、有效成分提取率高等优点,已被成功应用在植物活性成分提取方面。

(二)影响因素

微波辅助提取过程中,影响提取效果的因素很多,如微波浸取溶剂、微波辐射时间、微波浸取温度、微波浸取时间及物料含水量等。选择不同的参数条件,可得到不同的提取效果。

1.微波浸取溶剂

微波浸取溶剂选择所遵循的原则与传统溶剂提取法相似,要求目标成分与溶剂有相似极性,但与传统提取法不同的是如果用非极性溶剂,一定要加入一定比例的极性溶剂。因为微波加热的吸收体需要微波吸能物质,极性物质是微波吸能物质,而非极性物质则不吸收微波能。在微波浸取植物组织过程中,溶剂对微波能的吸收成为决定因素。当以水为主要浸取溶剂时,微波浸取对被提取成分极性的选择并不明显,提取率与被提取成分本身的极性并不呈明显的正相关性,可能是由于水的极性决定了其对微波能的强吸收。

2.微波辐射时间

微波辐射时间不能太长,否则会使系统温度升得很高,引起溶剂剧烈沸腾,不仅造成溶剂大量损失,而且还会带走已溶解到溶剂中的部分溶质,影响提取率。

3.微波浸取温度

微波浸取温度应低于浸取溶剂的沸点,不同的物质最佳浸取温度不同。在微波密闭容器中,由于内部压力可达到 1 MPa 以上,因此溶剂沸点比常压下的溶剂沸点提高许多,用微波浸取可以达到常压下使用同样溶剂所达不到的浸取温度,既可以提高浸取效率又不至于分解待测浸取物。

4.微波浸取时间

微波浸取时间与被测样品含量、溶剂体积和加热功率有关。一般情况下,浸取时间在 10~15 min 内,不同物质最佳浸取时间不同。在浸取过程中,一般加热 1~2 min 即可达到要求的浸取温度。

5.物料含水量

介质吸收微波的能力主要取决于其介电常数、介质损失因子、比热等。利用不同物质介电性质的差异也可以达到选择性浸取的目的。水是吸收微波最好的介质,任何含水的非金属物质或各种生物体都能吸收微波。由于水分能有效吸收微波能产生温度差,因此待处理物料中含水量多少对浸取效率影响很大。

四、酶法提取技术

(一)概述

天然植物有效成分主要存在于植物细胞的细胞质中。在植物提取过程中,溶剂需要克服来自细胞壁及细胞间质的传质阻力。细胞壁是由纤维素、半纤维素、果胶质等物质构成的致密结构,选用合适的酶对植物进行预处理,能分解构成细胞壁的纤维素、半纤维素及果胶,从而破坏细胞壁结构,减少溶剂提取时来自细胞壁和细胞间质的阻力,加快有效成分溶出细胞的速率。酶法提取技术具有反应条件温和、产物不易变性等优点,而且能缩短提取时间,提高提取率。

(二)影响因素

1.粒度

为利于酶解,需对植物组织进行预处理。粉碎颗粒越细,越易悬浮在酶解液中,增加有效面积而易被酶水解,加快水解速度。但粉碎过细,吸附作用过强,反而会影响扩散作用。因此一般在提取前适当粉碎,可提高酶解效率。

2.提取溶剂

酶法提取的关键是选择适当的溶剂,将需要的有效成分尽可能多的提取出来。选择溶剂主要注意:溶剂对有效成分溶解度大,对杂质溶解度小;溶剂不能与植物成分起化学变化;溶剂要经济、易得、使用安全等。现在工业生产及实验室主要采用水、乙醇等作为提取溶剂。

3.酶解温度及 pH 值

酶解温度增高,分子运动加快,溶解、扩散速度也加快,有利于有效成分的提取,所以热提一般比冷提效率高。但温度过高,有些有效成分易被破坏,且酶活性降低甚至失活,同时杂质溶出也增多。因此一般加热不超过 60 ℃,最高不超过 100 ℃。pH 值过高或过低都会导致酶失活,pH 值不仅影响酶立体构象,也影响底物解离状态。在最适宜的 pH

7

值下进行提取,效率最高。

4.酶解时间

有效成分提取率通常随提取时间延长而增加,直到植物组织细胞内外有效成分浓度达到平衡。一般用水加热提取,每次 0.5~1 h;若用乙醇加热提取,每次 1 h。

5.酶的用量

随着酶浓度的升高,与底物的接触面积增大,酶解反应速率增大。但当酶浓度达到过饱和时,底物浓度相对较低,酶与底物竞争,会对酶产生抑制作用,酶不能充分利用,造成浪费。

五、超临界流体萃取技术

(一)概述

超临界流体萃取技术是20 世纪60 年代兴起的一种新型分离技术。它是将传统的蒸馏和有机溶剂萃取结合为一体,利用超临界流体优良的溶剂力,将基质与萃取物有效分离、提取和纯化的物理萃取技术。超临界流体是指在临界温度(T_c)和临界压力(P_c)以上,以流体形式存在的物质,目前研究较多、最常用的超临界流体是CO_2。超临界流体萃取的基本原理是在超临界状态下将超临界流体与待分离的物质接触,使其有选择性地溶解其中的某些组分。超临界流体的密度和介电常数随着密闭体系压力的增加而增加,因此利用程序升压可将不同极性的成分进行分步提取。然后通过减压、升温或吸附的方法使超临界流体变成普通气体,让被萃取物质分离析出,从而达到分离提纯的目的。目前,超临界流体萃取技术主要用于挥发油、生物碱类、香豆素和木脂素类、黄酮类、萜类、苷类、醌类等天然产物活性成分提取分离,具有选择分离效果好、提取率高、产物无溶剂残留、有利于热敏性物质和易氧化物质的萃取等优点。

(二)影响因素

超临界流体萃取过程的主要影响因素有萃取压力、萃取温度、萃取粒度和CO_2流量。

1.萃取压力

萃取压力是超临界流体萃取技术最重要的参数之一,萃取温度一定时,压力增大,流体密度增大,溶剂的溶解度就增大。对于不同的物质,其萃取压力有很大的不同。

2.萃取温度

温度对超临界流体溶解能力影响比较复杂。压力一定时,升高温度被萃取物挥发性增加,被萃取物在超临界气相中的浓度随之增加,萃取量增大;温度升高,超临界流体密度降低,化学组分溶解度减小,萃取量减少。因此,在选择萃取温度时要综合这两个因素考虑。

3.萃取粒度

样品粒度较小,可增加固体与溶剂的接触面积,提高萃取速度。但粒度过小、过细,会严重堵塞筛孔,造成萃取器出口过滤网的堵塞。

4.CO_2流量

CO_2流量的变化对超临界流体萃取影响较大。CO_2流量太大,会造成萃取器内CO_2流速增加,CO_2停留时间缩短,与被萃取物接触时间减少,不利于萃取率的提高。另一方面,CO_2流量增加,可增大萃取过程的传质推动力,相应地增大传质系数,使传质速率加快,从而提高超临界流体萃取的萃取能力。

六、亚临界流体萃取技术

(一)概述

亚临界流体萃取技术是利用亚临界流体作为萃取剂,在密闭、无氧、低压的压力容器内,根据有机物相似相溶原理,通过萃取物料与萃取剂在浸泡过程中的分子扩散过程,达到固体物料中的脂溶性成分转移到液态的萃取剂中,再通过减压蒸发的过程将萃取剂与目的产物分离,最终得到目标产物的一种新型物理萃取与分离技术。传统的萃取剂有强极性溶剂水以及极性有机溶剂乙醇、甲醇、丙酮等,以乙醇最常用;亲脂性的有机溶剂,如石油醚、苯、氯仿、乙醚、乙酸乙酯、二氯乙烷、丙烷、丁烷流体以及超临界CO_2流体。亚临界流体萃取具有如下优点:产品中溶剂残留少;不会对物料中的热敏性成分造成损害;产能大、可工业化大规模生产;节能、运行成本低等。

(二)影响因素

影响亚临界流体萃取的因素主要有液料比、萃取温度与压力、萃取时间与次数、夹带剂等。

1.液料比

液料比越大,萃取效率越高。在工业化生产中,为了控制成本,一般将液料比设置为 $1:1 \sim 1.5:1$。

2.萃取温度与压力

根据热力学和动力学理论,提高萃取温度能增加分子运动速度,从而提高扩散速度,但温度过高又会造成活性成分破坏。因此应将温度控制在一定范围内。压力与温度呈正相关关系,萃取温度增加,萃取压力相应提高。压力升高,有利于提高萃取温度。

3.萃取时间与次数

针对不同的物料,先通过试验得出合理的萃取时间和次数,在实际生产过程中通过罐组间的逆流萃取工艺得以提高萃取效率。

4.夹带剂

加入适量合适的夹带剂可明显提高亚临界流体对某些被萃取组分的选择性和溶解度。表面活性剂可作为夹带剂提高亚临界流体萃取效率,提高程度与其分子结构有关,分子的脂溶性部分越大,其对亚临界流体的萃取效率提高越多。

七、水蒸气蒸馏技术

水蒸气蒸馏技术是提取植物性天然香料的最常用的一种方法,它是指将浸泡湿润后的含挥发性成分植物的粗粉或碎片,直火加热或通入水蒸气加热蒸馏,使挥发性成分随水蒸气一并蒸馏,经冷凝后收集馏出液得到挥发性成分的浸提方法。该法适用于具有挥发性、能随水蒸气蒸馏而不被破坏,与水不发生反应,且难溶或不溶于水的有效成分提取。

它的原理是根据道尔顿定律,互不相溶且不起化学作用的挥发性物质混合物的蒸汽总压,等于该温度下各组分饱和蒸汽压(即分压)之和。因此尽管各组分本身的沸点高于混合液的沸点,但当分压总和等于大气压时,液体混合物即开始沸腾并被蒸馏出来。植物挥发油,某些小分子生物碱如麻黄碱、萧碱、槟榔碱,以及某些小分子酚性物质如牡丹酚等,都可用该技术提取。该技术流程、设备、操作等都比较成熟,成本低而产量大,设备及操作都比较简单,但不适用于化学性质不稳定组分的提取。

八、分子蒸馏技术

分子蒸馏技术出现于 20 世纪 30 年代,目前在许多国家工业上得到了规模化应用。分子蒸馏是一种特殊的液液分离技术,它是在极高的真空度下,依靠混合物分子运动平均自由程的差异,使液体在远低于其沸点的温度下迅速得到分离。分子运动自由程指一个分子与其他分子相邻两次碰撞之间所走过的路程。某时间间隔内自由程的平均值称为分子运动平均自由程。当液体混合物沿加热板流动并被加热,轻、重分子会逸出液面而进入气相,由于轻、重分子的平均自由程不同,不同物质的分子从液面逸出后移动距离不同,轻分子达到冷凝板被冷凝排出,而重分子达不到冷凝板沿混合液排出,从而实现混合物料分离。

分子蒸馏技术在实际工业化生产中具有明显优势:由于蒸馏温度低,受热时间短,因此适于高沸点、热敏性及易氧化物料的分离;可有选择地蒸出目标产物,去除其他杂质;分离过程为物理过程,不需要使用溶剂,可保护目标产物不受溶剂污染。分子蒸馏技术已广泛应用于高附加值物质的分离中,特别是天然产物的分离。

九、常温超高压提取技术

常温超高压提取技术,是近年来发展较快的一种新型植物有效成分提取技术,是指在常温下用 100~1 000 MPa 的流体静压力作用于提取溶剂和植物组织混合液(密闭容器),并保持一段时间(1~20 min),使植物细胞内外压力达到平衡后迅速卸压。由于细胞内外渗透压力忽然增大,细胞膜结构发生改变,使细胞内有效成分向细胞外扩散的传质阻力减小,能够快速转移到细胞外的提取液中,达到快速高效提取植物有效成分的目的。

常温超高压提取技术具有如下优点:操作温度低,提取时间短,避免提取过程中的有效成分因高温而遭受破坏;适用范围广,水或水溶性、脂溶性等极性、弱极性或非极性有效成分都可以用该技术进行提取;提取效率高,能耗低,适宜于现代化大生产等。目前常温超高压提取技术已广泛应用于医药、食品和材料加工等领域。

第二节 功能性组分的分离纯化

一、传统的分离纯化方法

(一)分馏法

利用沸点不同进行分馏,然后精制纯化。例如,在分离毒芹总碱中的毒芹碱和羟基毒芹碱以及石榴皮中的伪石榴皮碱、异石榴皮碱和甲基异石榴皮碱时均可利用它们的沸点不同进行常压或减压分馏,然后再精制纯化。

（二）吸附法

吸附法的目的,一种是吸附除去杂质,这常指鞣质、色素;另一种是吸附所需物质。常用的吸附剂有氧化铝、氧化镁、酸性白土和活性炭等。如京尼平苷的分离,取栀子粉,用乙醇提取,提取物的水溶液加氧化镁吸附,然后用乙酸乙酯洗脱,洗脱液浓缩得黄色固体粉末,再经乙酸乙酯/丙酮(1:1)重结晶即得到京尼平苷的纯品。

（三）沉淀法

沉淀法指利用某些植物成分与某些试剂产生沉淀的性质而得到分离或除去"杂质"的方法。但对所需成分来讲,这种沉淀反应是可逆的。最常用的是铅盐法,利用中性乙酸铅或碱式乙酸铅在水或稀醇溶液中能与许多物质生成难溶性的铅盐沉淀性质使所需成分与杂质分离,脱铅方法常通以硫化氢气体,使其分解并转为不溶性硫化铅沉淀而除去。但溶液中可能有多余的硫化氢存在,可通入空气或二氧化碳让气泡带出多余的硫化氢气体。若对热稳定的化合物,可将溶液置于蒸发皿内,水浴加热,浓缩除去。脱铅的方法也可用硫酸、磷酸、硫酸钠、磷酸钠等,但生成的硫酸铅及磷酸铅在水中有一定的溶解度,所以脱铅不彻底。但由于方法比较简便,故实验室中仍常采用。此外,还有乙酸钾、氢氧化钡、磷钨酸、矽钨酸等沉淀剂。提取多糖、蛋白质等常用丙酮、乙醇或乙醚沉淀。

（四）盐析法

盐析法通常是向植物水提取液中加入易溶性无机盐至一定浓度或达到饱和状态,使某些成分在水中的溶解度降低,沉淀析出或被有机溶剂提取出。常用的无机盐有氯化钠、氯化铵、硫酸铵、硫酸钠、硫酸镁等。如三颗针根粉用稀酸浸泡,稀酸液加氯化钠近饱和即析出小檗碱盐酸盐。

（五）透析法

透析法是利用小分子物质在溶液中可透过半透膜,而大分子不能透过半透膜的性质从而达到分离的方法,常用于纯化皂苷、蛋白质、多肽和多糖等化合物。透析是否成功与膜孔的大小密切相关,根据分离成分分子的大小选择适当规格的透析膜,常用的有动物膜(如猪、牛的膀胱)、火棉胶膜、蛋白质胶膜和玻璃纸膜等。在进行透析时应经常更换膜外清水,增加透析膜内外溶液的浓度差,必要时可适当加温并加以搅拌,以加快透析速度。

（六）升华法

固体物质加热时,直接变成气态,此现象称为升华。植物中凡具有升华性质的化合物,均可用此法进行纯化,例如樟木中的樟脑、茶叶中的咖啡因以及中药中存在的苯甲酸等。升华法简单易行,但往往不完全,常伴有分解现象、产率低,操作时采用减压下加热升华则可避免,但该法很少用于大规模制备。

（七）结晶和重结晶

结晶的目的在于进一步分离纯化,便于进行化学鉴定及结构测定工作。植物成分中大半是固体化合物,具有结晶的通性,可以根据其溶解度的不同用结晶法来达到分离精制的目的。一般能结晶的化合物能够得到单纯晶体,纯化合物的结晶有一定的熔点和结晶学特征,这有利于化合物性质的判断,所以结晶是研究分子结构的重要步骤。结晶的形状很多,常见为针状、柱状、棱柱状、板状、方晶、粒状、簇状及多边形棱柱状晶体等,结晶形状随结晶的条件不同而异。

由于初析出的结晶均带有一些杂质,因此需要通过反复结晶才能得到纯粹的单一晶体,此步骤称为复结晶或重结晶。有时植物中某一成分含量特别高,找到合适的溶剂进行提取,提取液放冷或稍浓缩,便可得到结晶。

1.结晶的条件

需要结晶的溶液,往往呈过饱和状态。通常是在加热的情况下,使化合物溶解,过滤除去不溶解杂质,然后浓缩、放冷、析晶。最合适的温度为 $5 \sim 10\ ℃$,如果在室温条件下可以析晶,就不一定要放入冰箱中。放置对形成结晶来说是一个重要条件,它可使溶剂自然挥发到适当的浓度,即可析出结晶。特别是在探索过程中,对未知成分的结晶浓度是很难预测的,有时溶液太浓,黏度大就不易结晶;如果浓度适中,逐渐降温,可能析出纯度较高的结晶。X 射线衍射用的单晶即采用此法。在结晶过程中溶液浓度高则析出结晶的速度快,颗粒较小,夹杂的杂质可能多些。有时自溶液中析出结晶的速度太快,超过化合物晶核的形成和分子定向排列的速度,往往只能得到无定形粉末。

2.结晶溶剂的选择

选择合适的溶剂是形成结晶的关键。最好能对所需成分的溶解度随温度的不同而有显著的差异,同时不产生化学反应,即热时溶解,冷时析出。对杂质来说,在该溶剂中应不溶或难溶。亦可采用对杂质溶解度大的溶剂而对欲分离物质不溶或难溶,则可用洗涤法除去杂质后再用合适溶剂结晶。

要找到合适的溶剂,一方面可查阅有关资料及参阅同类型化合物的结晶条件;另一方面也可进行少量探索,参考"相似相溶原理"加以考虑。常用的结晶溶剂有甲醇、乙醇、丙酮和乙酸乙酯等。不能选择适当的单一溶剂时可选用两种或两种以上溶剂组成的混合溶剂,要求低沸点溶剂对物质的溶解度大、高沸点溶剂对物质的溶解度小,这样在放置时,沸点低的溶剂较易挥发,而比例逐渐减少易达到过饱和状态,有利于结晶的形成。

选择溶剂的沸点在 $60\ ℃$ 左右比较合适,沸点太低溶剂损耗大,亦难以控制;太高则不便浓缩,同时不易除去。在结晶或重结晶时要注意化合物是否和溶剂生成加成物或含有结晶溶剂的化合物,但有时也利用此性质使本来不易形成结晶的化合物得到结晶。

3.制备结晶的方法

结晶形成过程包括晶核的形成与晶体的增长。因此,选择适当的溶剂是形成晶核的关键。通常将化合物溶于适当溶剂中,过滤、浓缩至适当体积后,塞紧瓶塞静置,如果放置一段时间后没有结晶析出,可松动瓶塞,使溶剂自动挥发,可望得到结晶;或可加入少量晶种,加晶种是诱导晶核形成的有效手段。一般地说,结晶化过程具有高度的选择性,当加入同种分子,结晶便会立即增长。若没有晶种时,可用玻璃棒摩擦玻璃容器内壁,产生微小颗粒代替晶核,以诱导方式形成结晶;有时还可用玻璃棒蘸取过饱和液在空气中挥发除去部分溶剂后再摩擦玻璃器壁。上述条件失败后,应考虑所用物质是否纯度不够,可能是由于杂质的影响所致,则需进一步分离纯化,再尝试结晶,或化合物本身就是不能形成晶体的化合物,如菾碱等。

4.不易结晶或非晶体化合物的处理

化合物不易结晶,其原因一是本身的性质所决定,二是在很大程度上由于纯度不够,夹杂不纯物引起的。若是后者就需要进一步分离纯化,若是本身的性质,往往需要制备结晶性的衍生物或盐,然后用化学方法处理,回复到原来的化合物,达到分离纯化的目的。如生物碱,常通过成盐来达到纯化,常用的有盐酸盐、氢溴酸盐、氢碘酸盐、过氯酸盐和苦味酸盐等。如粉末状莲心碱是通过过氯酸盐结晶而纯化的;治疗肝炎药物的有效成分垂盆草苷,本身是不结晶的,其乙酰化物却具有良好的针状晶体。此外,也可利用某些化合物与某种溶剂形成复合物或加成物而结晶,如穿心莲亚硫酸氢钠加成物在稀丙酮中容易结晶,蝙蝠葛碱能和氯仿或乙醚形成加成物而结晶。但有些结晶性化合物在用不同溶剂结晶时亦可形成溶剂加成物,如汉防己乙素能和丙酮形成结晶的加成物,千金藤素能与苯形成加成物结晶。

5.结晶纯度的判断

每种化合物的结晶都有一定的形状、色泽和熔点,可以作为初步鉴定的依据,并结合薄层色谱或纸色谱,经三种以上不同展开系统展层,均显示的单一斑点来判断结晶的纯度,而非结晶物质则不具备上述物理性质。纯结晶性化合物都有一定的晶形和均匀的色泽,通常在同一种溶剂下结晶形状是一致的,单纯化合物晶体的熔点熔距应在 0.5 ℃左右,但由于晶体结构的原因可允许在 1~2 ℃内。但也有例外,特别是有些化合物仅有分解点,而熔点不明显。对立体异构体和结构非常类似的混合物,如土槿皮酸从晶形、熔点、熔距来看,是纯化合物的特征,但薄层检查有三个斑点。

(八)膜分离技术

膜分离技术(Membrane Separation Technique,MST)是一项新兴的高效分离技术,已被国际公认为是 20 世纪末到 21 世纪中期最有发展前途的一项重大高新生产技术。膜分离技术是指在分子水平上不同粒径分子的混合物在通过半透膜时,实现选择性分离的技术,一般采用错流过滤或死端过滤方式。半透膜又称分离膜或滤膜,膜壁布满小孔。膜的孔径一般为微米级,依据其孔径的不同(或称为截留分子量),可将膜分为微滤膜(MF)、超滤膜(UF)、纳滤膜(NF)、反渗透膜(RO)。根据材料的不同,可分为无机膜和有机膜,无机膜主要是陶瓷膜和金属膜,其过滤精度较低,选择性较小;有机膜是由高分子材料做成的,如醋酸纤维素、芳香族聚酰胺、聚醚砜、聚氟聚合物等。

膜分离的基本工艺原理是在过滤过程中料液通过泵的加压,以一定流速沿着滤膜的表面流过,大于膜截留分子量的物质分子不透过膜流回料罐,小于膜截留分子量的物质分子透过膜,形成透析液。因此,膜系统都有两个出口,一是回流液(浓缩液)出口,另一是透析液出口。在单位时间(Hr)单位膜面积(m^2)透析液流出的量(L)称为膜通量(LMH),即过滤速度。影响膜通量的因素有温度、压力、固含量(TDS)、离子浓度、黏度等。

由于膜分离过程是一种纯物理过程,具有无相变、节能、体积小、可拆分等特点,使膜广泛应用在发酵、制药、植物提取、化工、水处理工艺过程及环保行业中。对不同组成的有机物,根据有机物的分子量,选择不同的膜,选择合适的膜工艺,从而达到最好的膜通量和截留率,进而提高生产收率、减少投资规模和运行成本。

二、层析技术

层析技术是一种目前被广泛应用的分离纯化技术。由于植物中的各类成分结构不同,性质各异,选择的层析技术也是不同的。层析技术分为两种,一种是根据两相所处的状态来划分,当液体作为流动相时称液相层析,气体作为流动相时称气相层析。另一种是根据层析过程的机制来分类,利用吸附剂表面对不同组分吸附性能的差异来分离的称吸附层析;利用不同组分在流动相和固定相之间的分配系数不同而分离的称分配层析;利用分子大小不同进行分离的称排阻层析或分子筛层析;利用不同组分对离子交换剂亲和力不同进行分离的称离子交换层析。下面具体介绍几种实验室常用的层析技术。

(一)硅胶柱层析

硅胶为一种多孔性物质,可用通式 $SiO_2 \cdot xH_2O$ 表示。它具有多孔性的硅氧环的交键结构,由于其骨架表面具有很多游离、键合的硅醇基基团,它能够通过氢键与极性或不饱和分子相互作用,同时能吸附大量的水分。当加热活化(100~110 ℃)时,硅胶表面因氢键所吸附的水分能可逆地被除去。但温度升至500 ℃时,硅胶表面的硅醇基进一步脱水缩合转变为硅氧烷键而不再具有吸附的性质。硅胶层析适用范围广,适用于非极性和极性化合物,如萜类、甾体、生物碱、强心苷、蒽醌类、酸性、酚性化合物、磷脂类、脂肪酸、氨基酸等的分离。

1.层析柱的制备

硅胶装柱一般用湿法,即将硅胶混悬于装柱溶剂中,不断搅拌,待溶液中气泡除去后,连同溶剂一起倾入层析柱中,层析柱中硅胶段直径与长度之比为1∶20~1∶30。若硅胶的颗粒较细,而粒度分布范围窄,则可采用短柱(1∶5),这样不仅增大了截面积,而且也增加了样品的载量。硅胶最好一次倾入,否则由于不同粒度大小的硅胶沉降速度不一,使硅胶柱有明显的分段现象,影响分离效果。另外,也可采用干法装柱,将所需硅胶一次倾入柱中,然后墩紧至硅胶高度不改变为止。一般分离样品与吸附剂的比例约为1∶30~1∶60。

2.加样

样品上柱可采取两种方式,若样品能溶于流动相,可用少量流动相溶解,从柱顶加入;若样品难溶于流动相,则可溶于适当的溶剂,拌于干燥硅胶上,待溶剂挥发完全后,再上柱。最后,在柱顶覆盖一薄层层析用硅胶或棉花,然后用流动相洗脱。

3.洗脱

层析过程中溶剂的选择,对组分分离关系极大,一般没有可循的规律。通常是根据物质的极性采用相应的极性溶剂来洗脱。溶剂的洗脱能力随介电常数增大而增大,在实际吸附层析中是采用逐步递增极性的梯度洗脱方式。通常,借助硅胶薄层层析的结果来摸索分离条件,基本上可以套用于柱层析。两者区别在于样品与硅胶的用量比例,通常柱层析所用的溶剂比薄层层析展开剂极性略偏小。另外,还可参考前人分离同类型物质时所用的溶剂系统条件。

(二)氧化铝层析

氧化铝层析是常用的层析方法,适用于亲脂性成分分离,广泛应用于生物碱、甾体化合物、强心苷、精油、内酯化合物等植物成分的分离。它具有价廉、分离效果好、再生容易、活性容易控制且能适应不同化合物层析要求等优点。但是氧化铝层析还有许多缺点,部分酚性化合物(如黄酮类化合物)、部分酸性物质(如三萜酸)能与氧化铝结合而不能应用。影响氧化铝层析的因素很多,实际操作时主要是选择具有适当活性和适当酸碱度的氧化铝,以及能充分发挥其分离效能的溶剂。

1.氧化铝层析柱的选择

层析柱的装置,其内径与柱长的比例为 1:10~1:20。有时由于特殊需要,例如分离两个或两个以上性质相近的成分,为了提高分离效果,可适当采用细长的层析柱。

2.层析柱的制备

一般先量取一定体积的溶剂(V_0),将层析柱的活塞稍打开,使溶剂滴入接收器中,同时将氧化铝慢慢地加入,使它一边沉降,一边添加,直到加完为止。氧化铝加入速度不宜太快,否则将带入气泡而“破坏”层析柱。必要时可在层析管外轻轻给以振动,使氧化铝均匀下降,并有助于氧化铝带入的气泡外溢。当采用活性较高的氧化铝进行层析时,更应注意。待氧化铝加完后,仍使溶剂流动一定时间,然后将氧化铝柱上面的溶剂全部滴入接收器,量取接收器内溶剂量(V_1)。其中 V_0 与 V_1 之差,称为柱体积。在层析过程中,通过计算柱体积就能主动掌握何时开始收集流份。氧化铝的用量根据被分离化合物的性质而定,一般是样品量的 20~50 倍,但若遇到氧化铝吸附力较弱的碳氢化合物如萜烯、倍半萜烯等,层析时氧化铝用量要增加,为样品量的 100~200 倍,而且为了尽量减少碳氢化合物在层析柱中扩散,层析过程中不能有间歇。

3.加样

一般将样品溶于有机溶剂中,轻轻注入已准备好的氧化铝柱上面,勿使氧化铝柱面受到扰动,否则将影响层析效果。如果样品不易溶于开始层析时使用的有机溶剂,可以先将样品溶于能溶的有机溶剂,并和少量的氧化铝拌匀,然后将有机溶剂挥发干净,再按氧化铝一般装柱法,将带有样品的氧化铝加入层析柱中。

4.洗脱

洗脱过程与氧化铝活性、被吸附物质的性质、温度及溶剂的性质及浓度有关。就溶剂而言,极性溶剂的洗脱能力较非极性溶剂大,所以逐步增加溶剂的极性,可使吸附在氧化铝柱上的不同化合物逐个洗脱,达到分离的目的。

(三)聚酰胺层析

聚酰胺是由酰胺聚合而成的一类高分子物质,商品名为锦纶、尼龙。自 1955 年发现聚酰胺层析可以分离酚类物质,该方法已逐渐发展成为分离极性和非极性物质用途最广泛的层析方法,如黄酮类、酚类、醌类、有机酸、生物碱、萜类、甾体、苷类、糖类、氨基酸衍生物、核苷类等。聚酰胺层析对黄酮类等物质的层析是可逆的,分离效果好,可使性质极相近的类似物得到分离,同时其柱层析的样品容量大,适于制备分离。因此,聚酰胺层析应用后,不仅为黄酮等酚性物质的分离提供了有效方法,而且也为分离其他物质增加了一种手段。

1.聚酰胺粉的处理

锦纶中通常有两种杂质:一种是锦纶的聚合原料单体及其小分子聚合物;另一种是

蜡质(锦纶丝在制成后,表面曾涂过一层蜡)。这些杂质必须除去,否则原料单体及其小分子聚合物可与酚类物质形成复合物。蜡质能被醇液洗脱下来,与分离物质混在一起则难以除去。除去单体及小分子聚合物的方法:聚酰胺粉以 90% ~ 95% 乙醇浸泡,不断搅拌,除去气泡后装入层析柱中。用 3 ~ 4 倍体积的 90% ~ 95% 乙醇洗涤,洗至洗液透明并在蒸干后无残渣(或极少残渣)。再依次用 2 ~ 2.5 倍体积的 5% 氢氧化钠水溶液、1 倍体积的蒸馏水、2 ~ 2.5 倍体积的 10% 醋酸溶液洗涤,最后用蒸馏水洗至中性,备用。

2.层析柱的制备

若用含水溶剂系统层析时,常以水装柱;若以非极性溶剂系统层析时,常以溶剂组分中极性低的组分装柱。若以氯仿装柱,因其比重较大,使聚酰胺粉浮在上面,加样时应将柱底端的氯仿层放出,并立即加样,加样后顶端以棉花塞紧,在层析关闭时应将顶端的多余氯仿液放出,否则,聚酰胺会因浮起而搅乱层析带。

3.加样

聚酰胺的样品容量较大,一般每 100 mL 聚酰胺粉可上样 1.5 ~ 2.5 g,可根据具体情况适当增加或减少。若利用聚酰胺除去鞣质,样品上柱量可大大增加,通常观察鞣质在柱上形成的橙红色色带的移动,当样品加至该色带移至柱的近底端时,停止加样。样品常用洗脱剂溶解,浓度控制在 20% ~ 30%。不溶样品可用甲醇、乙醇、丙酮、乙醚等易挥发溶剂溶解,拌入聚酰胺干粉中,拌匀后将溶剂减压蒸去,以洗脱剂浸泡装入柱中。

4.洗脱

聚酰胺层析的洗脱剂常采用水-乙醇(10%、30%、50%、70%、95%),氯仿-甲醇(19:1,10:1,5:1,2:1,1:1)依次洗脱。若仍有物质未洗脱下来,可采用 3.5% 氨水洗脱。洗脱剂的更换,一般根据流出液的颜色,当颜色变得很淡时更换下一种溶剂,并以适当体积分瓶收集,分瓶浓缩。各瓶浓缩液以聚酰胺薄膜层析检查其成分,成分相同者合并,再进入下一步纯化。

(四)活性炭层析

活性炭层析对于分离水溶性物质(如氨基酸、糖类及某些苷类)是一种较好的方法,也是分离水溶性物质的主要方法之一。其特点是样品上柱量大,分离效果好,活性炭来源广,价格便宜,适用于大量制备分离。但由于活性炭生产原料不同,制备方法及规格不一,其吸附力不像氧化铝、硅胶那样易于控制。到目前为止,尚无测定其吸附力级别的理想方法,因而限制了其广泛应用。

1.活性炭的来源、规格及性能

活性炭的来源一般分为动物炭、植物炭和矿物(煤)炭三种,分别采用动物的骨头、木屑、煤屑高温炭化而成。目前,市售的医药用活性炭及层析用活性炭多以木屑做原料,加氯化锌在 700 ~ 800 ℃ 高温炭化、活化,经适当处理除杂后制成。由于植物体内含有各种金属离子以及在生产过程中需要加入氯化锌,虽然在出厂前经过适当处理,但也难免含有微量重金属离子,使用时应注意。用于层析的活性炭,基本上可以分为三类。

(1)粉末状活性炭 一般为医药用或化学纯活性炭。该类活性炭颗粒极细,呈粉末状,其总表面积特别大,吸附力及吸附量也特别大,是活性炭中吸附力最强的一类。但由于其颗粒太细,在层析过程中流速极慢,需要加压或减压操作,手续较繁。

（2）颗粒状活性炭　其颗粒较前者为大，其总表面积也相应减小，吸附力及吸附量也较次于前者。但在层析过程中流速易于控制，无需加压或减压操作，克服了粉末状活性炭的缺点。

（3）锦纶活性炭　这种活性炭是以锦纶为黏合剂，将粉末状活性炭制成颗粒。其总表面积较颗粒状活性炭为大，较粉末状活性炭为小，其吸附力较二者皆弱。因为锦纶不仅单纯起一种黏合作用，它也是一种活性炭的脱活性剂，因此可用于分离前两种活性炭吸附太强而不易洗脱的化合物。用其分离酸性氨基酸及碱性氨基酸，可取得很好效果。流速易控制，操作简便。

2.活性炭对物质的吸附规律及应用

活性炭在水溶液中的吸附力最强，在有机溶剂中吸附力较弱，故用有机溶剂脱吸附。在一定条件下，对不同物质的吸附力也不一样，一般来讲：

（1）对极性基团（如—COOH，—NH_2，—OH 等）多的化合物的吸附力大于极性基团少的化合物。例如，活性炭对酸性氨基酸和碱性氨基酸的吸附力大于中性氨基酸，原因就是酸性氨基酸中的羧基比中性氨基酸多，碱性氨基酸中的氨基（或其他碱性基团）比中性氨基酸多。因而，可将酸性氨基酸或碱性氨基酸与中性氨基酸分开。

（2）对芳香族化合物的吸附力大于脂肪族化合物，因而可借此性质将芳香族氨基酸与脂肪族氨基酸（两者的氨基和羧基数目相同）分开，也可将某些水溶性芳香族物质与脂肪族物质分开。

（3）对分子量大的化合物的吸附力大于分子量小的化合物。例如，活性炭对肽的吸附力大于氨基酸，对多糖的吸附力大于单糖。因此，可利用活性炭分离氨基酸与肽，单糖与多糖。在分离过程中，氨基酸、单糖先洗脱下来，肽、多糖后洗脱下来。

3.活性炭的处理

活性炭是一种强吸附剂，对气体的吸附力及吸附量都很大。气体分子占据了活性炭的吸附表面，因而造成所谓活性炭"中毒"，使其活力降低。同时有一些气体可引起某些副反应，如氧气可引起层析物质的氧化。为了防止该副反应的发生，最简单方便的方法就是加热烘干，可将吸附的绝大多数气体除去。一般在使用前，将活性炭在 120 ℃ 加热干燥 4~5 h 即可。锦纶活性炭因锦纶受热温度高会变形，在 100 ℃ 干燥 4~5 h 即可。

活性炭在生产过程中需加入氯化锌活化，生产原料木屑内也含有各种金属离子，它们给层析带来很多麻烦。重金属离子具有很高的毒性，而且吸附在活性炭表面，具有强的催化作用，致使层析物质产生某些催化反应，因此必须将其除去。医药用、化学纯活性炭在出厂前需要对所含杂质及重金属含量进行检查，符合相关规定要求才能出厂。锦纶活性炭在制备过程中也要经过大量酸洗、水洗，无需特别处理即可应用。但工业用活性炭在使用前必须进行严格处理，一般处理方法有两种。

（1）将工业用活性炭置于烧瓶中，加入 2~3 mol/L 盐酸，水浴加热 0.5 h，在加热过程中，间歇地振摇。然后减压滤干，如此以酸处理 2~3 次，再以热蒸馏水洗涤至 pH 值 5~6，滤干，烘箱中 150 ℃ 干燥 8 h，置于瓶中，密塞备用。

（2）将工业用活性炭置于三角瓶中，加 20%醋酸水溶液，煮沸 5~10 min，减压滤干，以除去含氮杂质及部分金属离子。如此处理 2~3 次，再以热蒸馏水洗至 pH 值 5~6，滤干。将其悬浮于水中，每 100 g 活性炭中加入氰化钾 50 mg(预防重金属离子的催化作用)，直火加热，在 60 ℃保持 10 min，趁热过滤，以热蒸馏水洗至 pH 值 6~7，烘箱中 100 ℃干燥至恒重，于瓶中密塞备用。

4.柱层析的操作

(1)装柱　因活性炭在水中吸附力最强，一般在水中装柱。活性炭以蒸馏水浸泡 1 h 左右，不断搅拌除去气泡。倒入柱中，让其自然沉降，装至所需体积，备用。粉末状活性炭因流速太慢，则需与硅藻土(1∶1)混合后，再用蒸馏水调成糊状，装柱，并且待样品上柱后，层析柱顶端连有自动控制的加压泵进行层析。

(2)加样　样品一般用水溶解。浓度在 25%~50%，即 1 g 样品溶于 2~4 mL 水中。活性炭层析的样品上柱量较大，一般每 100 mg 活性炭可上样 5~10 g。在某些情况下，样品的上柱量及样品浓度可适当增加或减少。例如，当欲分离的成分在样品中的相对含量较低，且易吸附于柱上，而其他成分不易吸附时，则可将上柱量增大，使大部分成分很快从柱上流下，而欲分离的成分经适当洗脱即可得到；当欲分离的成分不易被活性炭吸附且不易吸附的成分不止一个时，则样品上柱量必须大大减少，才能达到分离目的。

(3)洗脱　洗脱溶剂一般采用水、各种浓度的乙醇液，也有人采用 5%~10%丙酮液、2%~5%醋酸、1%~5%苯酚水溶液等洗脱，但不常用。最常用的是水-乙醇溶液梯度洗脱，其洗脱顺序是：水、10%、20%、30%、50%、70%的乙醇溶液。若仍有部分物质未洗脱下来，最后可用适当有机溶剂或 3.5%氨水洗脱。流出液以适当体积分瓶收集，分别浓缩。用过的活性炭可以用酸碱处理回收，因活性炭来源较易，价格便宜，一般不回收使用。

(五)大孔吸附树脂层析

大孔吸附树脂是一种不含交换基团的、具有大孔结构的高分子吸附剂，也是一种亲脂性物质。它可有效地吸附具有不同化学性质的各种类型的化合物，以范德瓦耳斯力从很低浓度的溶液中吸附有机物。由于大孔吸附树脂具有选择性好、吸附容量大、机械强度高、再生处理方便、吸附速度快、解吸容易等优点，已广泛应用于工业废水的处理，维生素、抗生素的分离提纯及水溶性成分的分离纯化，近年来还多用于皂苷及其他苷类化合物的分离。

1.大孔吸附树脂的类型及性能

大孔吸附树脂一般为白色颗粒状，理化性质稳定，不溶于酸、碱及有机溶剂。按性能分为极性、中极性和非极性三种类型。非极性吸附树脂是以苯乙烯为单位，二乙烯苯为交联剂聚合而成，故称为芳香族吸附剂。中极性吸附树脂是以甲基丙烯酸酯为单位与交联剂聚合而成，也称为脂肪族吸附剂。极性吸附树脂则在结构中含有硫氧、酰胺、氮氧等基团。由于树脂性质各异，使用时须加以选择，如分离极性较大的化合物应选用中极性的树脂，而极性较小的化合物则选用非极性树脂。

2.大孔吸附树脂的预处理及再生

新购的树脂一般是用氯化钠及硫酸钠处理过的，同时树脂内部尚存在未聚合的单体，残余的致孔剂、引发剂、分散剂等，故用前必须除去。将新购的树脂放在烧杯中，加入足量的水，使其溶胀至体积不再增加为止，然后倒入层析柱内，使柱内树脂量不要超过柱长的 1/2 以上,除去悬浮于水溶液面上的树脂颗粒,再用 95%乙醇洗柱,直至流出液加 2 倍水混合后不呈白色浑浊为止,最后用水洗涤除尽乙醇备用。

树脂经解吸附后即需再生。再生时用甲醇或乙醇浸泡洗涤即可达到,必要时可用 1 mol/L盐酸或氢氧化钠溶液依次洗涤,然后用水洗至中性,浸泡在甲醇或乙醇中备用,使用前用水洗涤除尽醇即可。

3.柱层析

大孔吸附树脂采用湿法装柱,湿法上样。样品液一般为浓缩液,以澄清为好。混合组分在大孔树脂上吸附后,一般依次用水、含水甲醇、乙醇或丙酮洗脱,最后浓醇或丙酮洗脱,分别收集各部分洗脱液,经 TLC 或 PC 检测并合并相同组分。

(六)凝胶色谱层析

凝胶色谱法又叫凝胶色谱技术、分子排阻色谱法,由于设备简单、操作方便,不需要有机溶剂,对高分子物质有很高的分离效果,是一种快速而又简单的分离分析技术。根据分离对象是水溶性化合物还是有机溶剂可溶物,又可分为凝胶过滤色谱(GFC)和凝胶渗透色谱(GPC)。凝胶过滤色谱一般用于分离水溶性的大分子,如多糖类化合物。凝胶的代表是葡萄糖系列,洗脱溶剂主要是水。凝胶渗透色谱法主要用于有机溶剂中可溶的高聚物(聚苯乙烯、聚氯乙烯、聚乙烯、聚甲基丙烯酸甲酯等)分子量分布分析及分离,常用的凝胶为交联聚苯乙烯凝胶,洗脱溶剂为四氢呋喃等有机溶剂。凝胶色谱不但可以用于分离测定高聚物的分子量和分子量分布,同时根据所用凝胶填料不同,可分离油溶性和水溶性物质,分离分子量的范围从几百万到一百以下。因此,目前凝胶色谱也广泛用于分离小分子化合物。化学结构不同但分子量相近的物质,不可能通过凝胶色谱法达到完全分离纯化的目的。

1.凝胶种类及性质

(1)聚丙烯酰胺凝胶 它是一种人工合成凝胶,是以丙烯酰胺为单位,由甲叉双丙烯酰胺交联成的,经干燥粉碎或加工成形制成粒状,控制交联剂的用量可制成各种型号的凝胶。交联剂越多,孔隙越小。聚丙烯酰胺凝胶的商品名为生物凝胶-P(Bio-Gel P),适用于蛋白和多糖的纯化。

(2)交联葡聚糖凝胶 Sephadex G 交联葡聚糖的商品名为 Sephadex,不同规格型号的葡聚糖用英文字母 G 表示,G 后面的阿拉伯数为凝胶得水值的 10 倍。例如,G-25 为每克凝胶膨胀时吸水2.5 g,同样 G-200 为每克凝胶膨胀时吸水 20 g。交联葡聚糖凝胶的种类有 G-10、G-15、G-25、G-50、G-75、G-100、G-150、G-200。因此,G 反映凝胶的交联程度、膨胀程度及分布范围。Sephadex LH-20 是 Sephadex G-25 的羧丙基衍生物,能溶于水及亲脂溶剂,用于分离不溶于水的物质。

(3)琼脂糖凝胶 琼脂糖凝胶是依靠糖链之间的次级链(如氢键)来维持网状结构,琼脂糖的浓度决定网状结构的疏密程度,常见的有 Sepharose、Bio-Gel-A 等。一般情况下,它的结构是稳定的,可以在许多条件下使用(如水、pH 值 4~9 范围内的盐溶液)。琼脂糖凝胶在 40 ℃ 以上开始融化,也不能高压消毒,可用化学灭菌活处理。

(4)聚苯乙烯凝胶 聚苯乙烯凝胶商品为 Styragel,具有大网孔结构,可用于分离分子量 1600 到 40000000 的生物大分子,适用于有机多聚物,分子量测定和脂溶性天然物的分级,凝胶机械强度好,洗脱剂可用二甲基亚砜。

2.凝胶的选择

根据所需凝胶体积,估计所需干胶的量。一般葡聚糖凝胶吸水后的凝胶体积约为其吸水量的 2 倍,例如 Sephadex G-200 每克干胶的吸水量为 20 g,1 克 Sephadex G-200 吸水后形成的凝胶体积约 40 mL。凝胶的粒度也可影响层析分离效果。粒度细胞分离效果好,但阻力大,流速慢。一般实验室分离蛋白质采用 100~200 号筛目的 Sephadex G-200 效果好,脱盐用 Sephadex G-25、Sephadex G-50,用粗粒,短柱,流速快。

3.凝胶的制备

商品凝胶是干燥的颗粒,使用前需直接在欲使用的洗脱液中膨胀。为了加速膨胀,可用加热法,即在沸水浴中将湿凝胶逐渐升温至近沸,这样可大大加速膨胀,通常在 1~2 h内即可完成。特别是在使用软胶时,自然膨胀需 24 h 至数天,而用加热法在几小时内就可完成。这种方法不但节约时间,而且还可消毒,除去凝胶中污染的细菌和排除胶内的空气。

4.样品溶液处理

样品溶液如有沉淀应过滤或离心除去,如含脂类可高速离心或通过 Sephadex G-15 短柱除去。样品的黏度不可大,含蛋白应超过 4%,黏度大影响分离效果。上柱样品液的体积根据凝胶床体积的分离要求确定。分离蛋白质样品的体积为凝胶床的 1%~4%(一般约 0.5~2 mL),进行分族分离时样品液可为凝胶床的 10%,在蛋白质溶液除盐时,样品可达凝胶床的 20%~30%。分级分离样品体积要小,使样品层尽可能窄,洗脱出的峰形较好。

5.防止微生物污染

交联葡聚糖和琼脂糖都是多糖类物质,防止微生物的生长,在凝胶层析中十分重要,常用的抑菌剂有叠氮钠(NaN_3)、可乐酮[$Cl_3C—C(OH)(CH_3)_2$]、乙基汞代巯基水杨酸钠和苯基汞代盐等四种。

(七)离子交换层析

离子交换层析分离蛋白质是根据在一定 pH 值条件下,蛋白质所带电荷不同而进行的分离方法。离子交换层析中,基质是由带有电荷的树脂或纤维素组成,带有负电荷的称为阳离子交换树脂,而带有正电荷的称为阴离子交换树脂。常用于蛋白质分离的离子交换剂有弱酸型的羧甲基纤维素(CM 纤维素)和弱碱型的二乙基氨基乙基纤维素(DEAE 纤维素),前者为阳离子交换剂,后者为阴离子交换剂。阴离子交换基质结合带有负电荷的蛋白质,这类蛋白质被留在柱子上,然后通过提高洗脱液中的盐浓度等措施,将吸附在柱子上的蛋白质洗脱下来,结合较弱的蛋白质首先被洗脱下来。反之阳离子交换基质结合带有正电荷的蛋白质,结合的蛋白可以通过逐步增加洗脱液中的盐浓度或是提高洗脱液的 pH 值洗脱下来。因此,离子交换层析主要用于分离氨基酸、多肽及蛋白质,也可用于分离核酸、核苷酸及其他带电荷的生物分子。

1.预处理和装柱

对于离子交换纤维素要先用流水洗去少量碎的不易沉淀的颗粒,以保证有较好的均匀度,对于已溶胀好的产品则不必经这一步骤。溶胀的交换剂使用前要用稀酸或稀碱处理,使之成为带 H^+ 或 OH^- 的交换剂型。阴离子交换剂常用"碱-酸-碱"处理,使最终转为—OH—型或盐型交换剂;对于阳离子交换剂则用"酸-碱-酸"处理,使最终转为—H—型交换剂。

洗涤好的纤维素使用前必须平衡至所需的 pH 值和离子强度,已平衡的交换剂在装柱前还要减压除气泡。为了避免颗粒大小不等的交换剂在自然沉降时分层,要适当加压装柱,同时使柱床压紧,减少死体积,有利于分辨率的提高。柱子装好后再用起始缓冲液淋洗,直至达到充分平衡方可使用。

2.加样

层析所用的样品应与起始缓冲液有相同的 pH 值和离子强度,所选定的 pH 值应落在交换剂与被结合物有相反电荷的范围,同时应注意离子强度要低,可用透析、凝胶过滤或稀释法达此目的。样品中的不溶物应在透析后或凝胶过滤前,以离心法除去。为了达到满意的分离效果,上样量要适当,不要超过柱的负荷能力。柱的负荷能力可用交换容量来推算,通常上样量为交换剂交换总量的 1%~5%。

3.洗脱

已结合样品的离子交换前,可通过改变溶液的 pH 值或改变离子强度的方法将结合物洗脱,也可同时改变 pH 值与离子强度。为了使复杂的组分分离完全,往往需要逐步改变 pH 值或离子强度,其中最简单的方法是阶段洗脱法,即分次将不同 pH 值与离子强度的溶液加入,使不同成分逐步洗脱。由于这种洗脱 pH 值与离子强度的变化大,使许多洗脱体积相近的成分同时洗脱,纯度较差,不适宜精细的分离。最好的洗脱方法是连续梯度洗脱,即两个容器放于同一水平上,第一个容器盛有一定 pH 值的缓冲液,第二个容器含有高盐浓度或不同 pH 值的缓冲液,两容器连通,第一个容器与柱相连,当溶液由第一容器流入柱时,第二容器中的溶液就会自动来补充,经搅拌与第一容器的溶液相混合,这样流入柱中的缓冲液的洗脱能力即成梯度变化。

洗脱时应满足以下要求:①洗脱液体积应足够大,一般要几十倍于床体积,从而使分离的各峰不至于太拥挤;②梯度的上限要足够高,使紧密吸附的物质能被洗脱下来;③梯度不要上升太快,要恰好使移动的区带在快到柱末端时达到解吸状态。目的物的过早解吸,会引起区带扩散;而目的物的过晚解吸会使峰形过宽。

洗脱馏分的分析按一定体积(5~10 mL/管)收集的洗脱液可逐管进行测定,得到层析图谱。依实验目的的不同,可采用适宜的检测方法(生物活性测定、免疫学测定等)确定图谱中目的物的位置,并回收目的物。

4.离子交换剂的再生与保存

离子交换剂可在柱上再生,如离子交换纤维素可用 2 mol/L NaCl 淋洗柱,若有强吸附物则可用 0.1 mol/L NaOH 洗柱;若有脂溶性物质则可用非离子型去污剂洗柱后再生,也可用乙醇洗涤,其顺序为:0.5 mol/L NaOH-水-乙醇-水-20% NaOH-水。保存离子交换剂时要加防腐剂,阴离子交换剂宜用 0.002%氯已定(洗必泰),阳离子交换剂可用乙基硫柳汞(0.005%),还有部分产品建议用 0.02%叠氮钠。

三、逆流色谱技术

逆流色谱技术(CCC)原理是基于样品在两种互不混溶的溶剂之间的分配作用,溶质中各组分在通过两相溶剂过程中因分配系数不同而得以分离,是一种不用固态支撑体的全液体色谱方法。根据其发展历程分为液滴逆流色谱(DCCC)、离心液滴逆流色谱(CPC)和高速逆流色谱(HSCCC),其中高速逆流色谱(HSCCC)应用最为广泛。

(一)分类

1.液滴逆流色谱

DCCC 是在逆流分溶法基础上创建的色谱装置,可使流动相呈液滴形式在固定相间交换,促使溶质中各组分在两相之间进行分配,达到分离效果。该法的缺点是流动相流速低,每小时只有十几毫升;分离过程长,一般需要几十小时才能完成一次几个组分的分离。

2.离心液滴逆流色谱

CPC 比 DCCC 进步的地方就是使用离心加快重力分离。离心液滴逆流色谱更通用的叫法是离心行星色谱,使用很小的直管和毛细管(用多性塑料制成多层的)。一套实用的仪器包含数以千计的直管,可以获得几百个理论塔板数的效能。CPC 的缺点和 DCCC 相似,只是用离心代替了地球重力分离。另外,CPC 在流动相的进口和出口必须使用旋转流体密封件,但这些密封件性能不好,价格又高,容易损耗,并且限制了泵液的压力,进而限制了流速和离心速度。

3.高速逆流色谱

HSCCC 是一种不用任何同态载体的液-液色谱技术,其原理是基于组分在旋转螺旋管内的相对移动,且在互不混溶的两相溶剂间分布不同而获得分离,其分离效率和速度可以与 HPLC 相媲美。

(二)溶剂体系的要求及分类

HSCCC 是利用溶质在不同溶剂中的分配系数不同进行分离,所以在溶剂选择时要重点考虑溶质在两溶剂中的分配系数,那么其分离物质的关键是溶剂系统的选择。对于分离的溶剂体系,应该满足以下几方面的要求:不造成样品的分解与变性,且不与之发生反应;对样品有足够高的溶解度;样品在溶剂体系中有合适的分配系数值(K 应在 0.5~2);溶剂体系的各组分应分成体积比例适合的两相,以免浪费溶剂;固定相能实现足够高的保留,且要满足一定的要求(保留值越大峰形越好)。因而准确测定待分离组分在两相中的分配系数,便可选择出合适的溶剂系统。常见的溶剂体系按极性分类有以下几种:强极性溶剂体系、中极性溶剂体系、弱极性溶剂体系、极弱极性体系(无水体系)和加酸体系等。这五种溶剂体系分别可以用于分离相应性质的天然产物。

1.强极性体系

正丁醇体系:该体系的基本两相由正丁醇和水组成,可根据需要在上下两相中加入不同体积比且极性位于正丁醇和水之间的惰性溶剂来调节溶剂系统的极性。一般加入甲醇、乙醇、丙酮作为调节剂,组成三元溶剂体系。该体系一般不是很常用。

乙酸乙酯体系:该体系是 HSCCC 分离常用的体系之一,基本两相由乙酸乙酯和水组成,可根据需要在上下两相中加入不同体积比且极性位于乙酸乙酯和水之间的惰性溶剂来调节溶剂系统的极性。一般加入甲醇、乙醇、正丁醇作为极性调节剂,组成三元或四元溶剂体系。用该类溶剂系统分离的物质基本上都属于苷类,如黄酮苷、苯丙素苷以及一些皂苷等。最常用的溶剂体系有:乙酸乙酯-正丁醇-水、乙酸乙酯-甲醇-水、乙酸乙酯-乙醇-水、乙酸乙酯-正丁醇-乙醇-水。这些常用的体系极性相差不大,只有乙酸乙酯-乙醇-水的极性稍微小点。

2.中极性体系

甲基叔丁基醚体系:该体系的基本两相由甲基叔丁基醚和水组成,可根据需要在上下两相中加入不同体积比且极性位于甲基叔丁基醚和水之间的惰性溶剂来调节溶剂系统的极性。一般加入正丁醇、甲醇、乙醇、乙腈作为极性调节剂,组成四元溶剂体系,三元的甲基叔丁基醚体系不是很常见。甲基叔丁基醚体系和醋酸乙酯体系的极性相差很小,一般可用于分离含羟基不是很多的苷类和极性较大的萜苷,以及含有多个羟基和羧基的非苷类物质。

氯仿体系:该体系是 HSCCC 分离常用的体系,基本两相由氯仿和水组成,可根据需要在上下两相中加入不同体积比且极性位于氯仿和水之间的惰性溶剂来调节溶剂系统的极性。一般加入正丁醇、甲醇、乙醇作为极性调节剂,组成三元或四元溶剂体系,其中运用最多的是氯仿-甲醇-水体系。氯仿体系可用于分离含有糖的苷,也可分离不含有糖且含有一些羟基的苷元。但若甲醇在溶剂体系中的比例很接近或者大于氯仿在溶剂体系中的比例时,氯仿-甲醇-水体系可以分离含有多羟基的苷类物质,其极性甚至可以达到与醋酸乙酯体系极性相似的程度。

3.弱极性体系

正己烷体系:该体系是 HSCCC 分离常用的体系之一,基本两相由正己烷和水组成,可根据需要在上下两相中加入不同体积比且极性位于正己烷和水之间的惰性溶剂来调节溶剂系统的极性。一般加入正丁醇、甲醇、乙醇、乙酸乙酯、乙腈、氯仿作为极性调节剂,组成三元或四元溶剂体系,其中运用最多的是正己烷-乙酸乙酯-甲醇-水、正己烷-乙酸乙酯-乙醇-水、正己烷-甲醇-水、正己烷-乙醇-水、正己烷-乙酸乙酯-水。一般用正己烷体系分离黄酮、苯丙素、蒽醌和一些萜类化合物等小极性非苷类物质,被分离物质中极性基团很少。正己烷-甲醇-水、正己烷-乙醇-水分离物质的极性很小,基本不含羟基;而正己烷-乙酸乙酯-水分离的物质极性最大,可以分离含有多个羟基的物质,甚至能分离苷类;正己烷-乙酸乙酯-甲醇-水和正己烷-乙酸乙酯-乙醇-水这两个溶剂体系的分离极性范围很广。

石油醚体系:该体系的基本两相由石油醚和水组成,可根据需要在上下两相中加入不同体积比且极性位于石油醚和水之间的惰性溶剂来调节溶剂系统的极性。一般加入甲醇、乙醇、乙酸乙酯作为极性调节剂,组成三元或四元溶剂体系,其中应用最多的是石油醚-乙酸乙酯-甲醇-水。采用该体系分离的大多数物质都不含有羟基,很少用该体系分离苷类物质,只有当苷元分子较复杂且极性很低时可以用于分离由该苷元组成的苷,或者降低石油醚的比例可以分离一小部分的苷。

4.极弱极性体系(无水体系)

大多数用于 HSCCC 分离的无水体系都是用乙腈代替水与小极性溶剂组成基本两相,再根据需要在上下两相中加入不同体积比且极性位于小极性溶剂和乙腈之间的惰性溶剂来调节溶剂系统的极性。该溶剂系统可以用来分离极性非常小的物质,这种物质一般含有较多碳,基本上不含有极性基团,适用于分离小极性的甾体、萜类以及多碳烷烃。常见的无水体系有正己烷体系,其基本两相由正己烷和乙腈组成。

5.加酸体系

在极性相对小的溶剂体系中加入酸碱会增大溶剂体系的极性,常在溶剂体系中加入盐酸、醋酸、三氟乙酸、磷酸盐。加了酸碱的溶剂体系常用于分离具有酸碱性质的物质,如生物碱、有机酸和酸性较强的黄酮类化合物。氯仿-甲醇-稀盐酸溶剂体系常用于分离生物碱类的物质,因此一般将其认为是分离生物碱的专用体系。

(三)溶剂体系选择及组分分配系数的测定

选取一个合适的溶剂体系,首先通过薄层色谱法(TLC)或 HPLC 预测被分离物质的极性,其次根据极性选择合适的分离体系,也可直接借鉴已知的与分离物质极性相似物质的分离体系。选择溶剂系统时需要测定组分的分配系数,而分配系数测定常采用高效液相色谱法或薄层色谱法,这两种方法都能够较准确地测出特定组分的分配系数值。HPLC 法是将适量的样品分别溶于已平衡的两相溶剂,待分配平衡后进行 HPLC 测定,通过得到的色谱峰面积可精确计算出样品在两相间的分配系数。TLC 法则是利用样品在等体积上下相中分配平衡后用薄层色谱展开,通过薄层色谱得到的斑点判断组分的分配情况。不同的体系,有着不同的平衡时间(不同溶剂系统中,从两相溶剂系统的上相与下相溶剂混合时,直到两相系统达到完全分层的时间),其影响着系统的分离效能,与固定相的保留率密切相关。

如果要同时分离多种物质,首先要预测被分离物质的极性,根据极性的大小来选择分离体系。如果被分离物质的极性都比较大,可以选用醋酸乙酯体系;如果被分离物质一部分极性大、一部分极性中等,可以选用氯仿体系;如果被分离物质一部分极性中等、一部分极性较小,可以选用正己烷体系;如果被分离物质极性都较小,可以选用石油醚体系。

四、其他分离技术

(一)双水相萃取

双水相萃取法(aqueous two-phase extraction)又称双水相分配法,对于传统有机相-水相的溶剂萃取来说是个全新的替代,而且为蛋白质特别是胞内蛋白质的分离和纯化开辟了新的途径。当两种聚合物、一种聚合物与一种亲液盐或是两种盐(一种是离散盐且另一种是亲液盐)在适当的浓度或是在一个特定的温度下相混合在一起时就形成了双水相系统。形成双水相的双聚合物体系很多,如聚乙二醇(PEG)/葡聚糖(Dx)、聚丙二醇/聚乙二醇、甲基纤维素/葡聚糖。双水相萃取中采用的双聚合物系统是 PEG/Dx,聚合物与无机盐的混合溶液也可以形成双水相。生物分子的分配系数取决于溶质与双水相系统间的各种相互作用,其中主要有静电作用、疏水作用和生物亲和作用。双水相萃取具有以下特点:含水量高(70%~90%),不易引起蛋白质的变性失活;不存在有机溶剂残留问题;易于放大,各种参数可按比例放大而产物收率并不降低。

(二)反胶束萃取

表面活性剂分子由亲水疏油极性头和亲油疏水非极性尾两部分组成。表面活性剂溶于水中,当其浓度超过临界胶束浓度(CMC)时,便形成聚集体,称为正常胶束;表面活性剂溶于有机溶剂,当其浓度大于临界胶团浓度时,会在有机相形成聚集体,称为反胶束。

反胶束体系是透明、热力学稳定体系,同时也是一种动态平衡体系。两亲分子形成胶束过程自由能主要来源于两亲分子间偶极子-偶极子相互作用,平动能和转动能丢失及氢键和金属配位键形成等都有可能参与该胶束化过程。反胶束中极性头朝内,非极性尾朝外排列形成亲水内核,称为"水池",具有加溶蛋白质和氨基酸等极性物质能力。形成反胶束体系表面活性剂根据其极性头基团性质不同,可将反胶束体系分为非离子型、阴离子型、阳离子型和两性离子型等四种类型。反胶束体系可增溶一些有机溶剂不能溶解的一些物质,包括蛋白质、核酸、短肽、氨基酸、抗生素、生物碱、黄酮类等生物物质。由于反胶团屏蔽保护作用,这些物质不与有机溶液直接接触,可保护生物物质活性,从而实现生物物质溶解和分离。

第三节　功能性组分的结构鉴定

一、核磁共振谱

核磁共振波谱法(Nuclear Magnetic Resonance Spectroscopy, NMR)是研究处于磁场中的原子核对射频辐射(Radio-frequency Radiation)的吸收,它是对各种有机物和无机物的成分、结构进行定性分析的最强有力的工具之一,有时亦可进行定量分析。

核磁共振技术是有机物结构测定的有力手段,不破坏样品,是一种无损检测技术。从连续波核磁共振波谱发展为脉冲傅立叶变换波谱,从传统一维谱到多维谱,技术不断发展,应用领域也日益广泛。核磁共振技术在有机分子结构测定中扮演了非常重要的角色,与紫外光谱、红外光谱和质谱一起被有机化学家们称为"四大名谱"。

核磁共振现象于1946年由E.M.珀塞耳和F.布洛赫等人发现,随后迅速发展成为测定有机化合物结构的有力工具。目前核磁共振与其他仪器配合,已鉴定出十几万种化合物。自20世纪70年代强磁场超导核磁共振仪使用后,核磁共振技术在生物学领域的应用也迅速扩展。脉冲傅里叶变换核磁共振仪使得C、N等的核磁共振得到了广泛应用,计算机解谱技术使复杂谱图的解析成为可能。核磁共振技术已成为分子结构解析以及物质理化性质表征的常规技术手段,在物理、化学、生物、医药、食品等领域均得到广泛应用。

(一)原理

核磁共振主要是由原子核的自旋运动引起的,原子核在外加磁场的作用下,吸收电磁波的能量后,从一个自旋能级跃迁到另一个能级后产生的波谱。原子核是由质子和中子组成的带正电荷的粒子,存在自旋,可用自旋量子数来描述。自旋量子数为1/2的原子核的核磁共振信号相对简单,已广泛用于化合物的结构测定,如: ^1H、^{11}B、^{13}C、^{17}O、^{19}F、^{31}P。

(二)分类

核磁共振谱仪有两大类:高分辨核磁共振谱仪和宽谱线核磁共振谱仪,其中高分辨核磁共振谱仪使用最为普遍,通常所说的核磁共振谱仪即指高分辨谱仪。按工作方式又可分连续波核磁共振谱仪和脉冲傅里叶变换核磁共振谱仪,目前的核磁共振谱仪全部为脉冲傅里叶变换核磁共振仪,采样时间短,能够得到不同的多维谱图,给出大量的结构信息。

(三)核磁共振氢谱

核磁共振氢谱是一种将分子中氢=^1H的核磁共振效应体现于核磁共振波谱法中的应用,可用来确定分子结构。氢核磁共振信号峰是质子在外加磁场中吸收不同频率电磁波后产生的共振吸收峰,能够提供的结构信息参数主要有:化学位移、质子峰面积值以及耦合常数。为了避免溶剂中的质子干扰,制备样本时通常使用氘代溶剂(氘=^2H,通常用D表示),例如氘代水 D_2O、氘代丙酮 $(CD_3)_2CO$、氘代甲醇 CD_3OD、氘代二甲基亚砜 $(CD_3)_2SO$ 和氘代氯仿 $CDCl_3$。此外,一些不含氢的溶剂,例如四氯化碳 CCl_4 和二硫化碳 CS_2,也可被用于制备测试样品。

(四)核磁共振碳谱

绝大多数有机化合物和天然产物分子的骨架是由碳原子组成的,一些有机化合物的官能团不含氢,这就需要从碳谱中得到结构信息。与氢谱相比,核磁共振碳谱的优点在于化学位移范围宽,约是氢谱的20倍,其分辨率也远高于氢谱,可以更好地反映出分子结构上的微小差异。碳谱还可给出不与氢相连的季碳的共振吸收峰。但相对于氢谱,碳谱的灵敏度低,这也是碳谱的致命弱点,导致碳谱的发展比氢谱迟得多。

(五)二维核磁共振谱

二维核磁共振谱是由两个独立的时间变量,经过两次傅里叶变换得到两个独立的垂直频率坐标系的谱图。二维核磁共振谱大大提高了分辨率,主要有三类图谱,J分辨谱、化学位移相关谱以及多量子跃迁谱,其中应用最广的是化学位移相关谱。

一维核磁共振谱图中难以解析的复杂化合物结构,可以通过同核$^1H-^1H$相关谱(COSY)或全相关谱(TOCSY)研究分子结构中各种氢的相关关系,在通过异核相关谱(HMQC、HSQC、HMBC)研究分子结构中碳与氢的相互键合与偶合关系,并进一步通过空间效应谱(NOESY、ROESY)来研究更为复杂的分子空间立体结构。此外,采用混合多量子谱(如 HSQC-TOCSY、HSQC-NOESY 等)有助于分析肽类、寡糖链等信号重叠严重化合物的结构。

二、质谱

质谱法(Mass Spectrometry, MS)即用电场和磁场将运动的离子(带电荷的原子、分子或分子碎片,由分子离子、同位素离子、碎片离子、重排离子、多电荷离子、亚稳离子、负离子和离子-分子相互作用产生的离子)按它们的质荷比分离后进行检测的方法。分析这些离子可获得化合物的分子量、化学结构、裂解规律和由单分子分解形成的某些离子间存在的某种相互关系等信息。质谱仪器的基本组成包括样品注入系统、离子源、质量分析器、检测器、真空系统和数据处理系统。

(一)原理

质谱分析的基本原理是将试样中各组分在离子源中发生电离,生成不同质荷比的带电荷的离子,经加速电场的作用,形成离子束,进入质量分析器,再利用电场和磁场使其发生相反的速度色散,将它们分别聚焦而得到质谱图,从而确定其质量。

(二)种类

质谱仪可分为有机质谱仪和无机质谱仪,有机质谱仪主要用于有机化合物的结构鉴定,能够提供化合物的分子量。元素组成以及官能团等结构信息,分为四极杆质谱仪、飞行时间质谱仪、离子阱质谱仪和磁质谱仪等。有机色谱仪往往与各种仪器如气相色谱、液相色谱、热分析等联用,实现对有机混合物的分析检测。无机质谱仪主要用于无机元素微量分析和同位素分析等方面,主要有火花源双聚焦质谱仪、离子探针质谱仪、电感耦合等离子体质谱仪等。在以上各类质谱仪中,数量最多、用途最广的是有机质谱仪。

(三)质谱的应用

质谱分析法对样品有一定的要求。进行 GC-MS 分析的样品应是有机溶液,水溶液中的有机物一般不能测定,须进行萃取分离变为有机溶液,或采用顶空进样技术。有些化合物极性太强,在加热过程中易分解,例如有机酸类化合物,此时可以进行酯化处理,将酸变为酯再进行 GC-MS 分析,由分析结果可以推测酸的结构。如果样品不能汽化也不能酯化,那就只能进行 LC-MS 分析了。进行 LC-MS 分析的样品最好是水溶液或甲醇溶液,LC 流动相中不应含不挥发盐。对于极性样品,一般采用 ESI 源;对于非极性样品,一般采用 APCI 源。

(四)质谱的解析

质谱的解析一般的步骤如下:确认分子离子峰,由其求得分子量和分子式,计算不饱和度;找出主要的离子峰,并记录这些离子峰的质荷比(m/z 值)和相对强度;对质谱中分子离子峰或其他碎片离子峰丢失的中型碎片的分析也有助于图谱的解析;用 MS-MS 找出母离子和子离子,或用亚稳扫描技术找出亚稳离子,把这些离子的质荷比读到小数点后一位;配合元素分析、UV、IR、NMR 和样品理化性质提出试样的结构式。最后,将所推定的结构式按相应化合物裂解的规律,检查各碎片离子是否符合,若没有矛盾,就可确定可能的结构式。对已知化合物可用标准图谱对照来确定结构是否正确,这步工作可由计算机自动完成;对新化合物的结构,最终结论要用合成此化合物并做波谱分析的方法来确证。

三、红外光谱

红外吸收光谱(infrared spectrum,IR)是分子能选择性吸收某些波长的红外光,引起分子中振动能级和转动能级的跃迁,检测红外光被吸收的情况即可得到物质的红外吸收光谱,又称分子振动光谱或振转光谱。

(一)原理

当用一束具有连续波长的红外光照射一物质,如果物质分子中原子间的振动频率恰好与红外光波段的某一振动频率相同,则会引起共振吸收,使透过物质的红外光强度减弱。因此,若将透过物质的红外光用单色器进行色散,就可以得到带有暗条的谱带。将分子吸收红外光的情况用仪器记录下来,用波长(λ)或波数(σ)做横坐标,以吸收度(A)或透过率($T\%$)为纵坐标,即得到了该物质的红外光谱图。

红外光谱被称为官能团光谱,分子中几乎每个官能团在红外光谱中都显示自己的吸收峰,例如经常出现在 1600~1750 cm^{-1},称为羰基的特征波数。由于分子中邻近基团的相互作用(如氢键的生成、配位作用、共轭效应等),使同一基团在不同分子中所处的化学环境产生差别,以致它们的特征波数有一定变化范围(见表1-4)。

表 1-4　常见官能团的吸收峰

化学键	吸收波数/cm^{-1}	化学键	吸收波数/cm^{-1}
N—H	3100~3550	C≡N	2100~2400
O—H	3000~3750	—SCN	2000~2250
C—H	2700~3000	S—H	2500~2650
C=O	1600~1900	C=C	1500~1675
C—O	1000~1250	C≡C、C=C	2900~3300

应用红外光谱解析有机化合物和天然产物的化学结构就是识别其中各种官能团的吸收峰,由此推测官能团的种类及所处的化学环境而获得结构信息,几乎没有两种化合物具有相同的红外吸收光谱,因此红外光谱具有"指纹性",结合其他谱学和化学方法被广泛地用于有机化合物的结构测定和鉴定。

(二)分区

通常将红外线分为三个区域:近红外区(0.75~2.5 μm)、中红外区(2.5~50 μm)和远红外区(50~1000 μm)。一般说来,近红外光谱是由分子的倍频、合频产生的;中红外光谱属于分子的基频振动光谱;远红外光谱则属于分子的转动光谱和某些基团的振动光谱。

有机化合物红外吸收的测量范围在中红外区,因此中红外区是研究和应用最多的区域,积累的资料也最多,仪器技术最为成熟。通常所说的红外光谱即指中红外光谱。

(三)解析应用

红外光谱对测量样品具有很好的适用性,固体、液体或气体,单体化合物或混合物,无机物或有机物,均可用于红外光谱分析,但必须有合适的样品制备方法。如气体样品,需在两端粘有红外投射光的 NaCl 或 KBr 窗体的气体池中进行;液体样品沸点较低、挥发性较大或溶液样品在封闭液体池中进行,沸点较高的样品可直接滴在两个盐片之间的液膜上进行;固体样品一般可采用压片法、石蜡糊法和薄膜法进行。

红外光谱图的解析:先从官能团的化学键振动区也就是特征区入手,通过查阅相关资料,判断都包括哪些官能团;再从指纹区确认化合物精细结构的有关信息。遵循"先特征,后指纹;先最强,后次强;先粗查,后细找;先否定,后肯定"的顺序以及由一组相关峰确认一个官能团的存在的原则。

四、紫外光谱

紫外-可见吸收光谱(ultraviolet and visible spectrum)系分子吸收紫外光能,发生价电子能级跃迁而产生的吸收光谱,亦称电子光谱。利用物质的分子或离子对紫外线和可见光的吸收所产生的紫外-可见光谱及吸收程度可以对物质的组成、含量和结构进行分析、测定、推断。

(一)原理

紫外吸收光谱是由于分子中价电子的跃迁二产生的。分子中价电子经紫外线或可见光照射后,电子从低能级跃迁到高能级,此时电子就吸收了响应波长的光,从而产生了紫外吸收光谱、紫外吸收光谱的波长范围在 10~400 nm,其中 10~200 nm 为远紫外区,200~400 nm 为近紫外区,一般的紫外光谱是指近紫外区。

(二)特征

一般的紫外光谱是指近紫外区,也就是说只能观察 $\pi \to \pi^*$ 和 $n \to \pi^*$ 跃迁,所以紫外光谱只适合于分析分子中具有不饱和结构的化合物,如分子骨架中含有的 $C=C-C=C$、$C=C-C=O$、苯环等。利用紫外光谱鉴定有机化合物远不如利用红外光谱有效,因为很多化合物在紫外没有吸收或者只有微弱的吸收,并且紫外光谱一般比较简单,特征性不强。利用紫外光谱可以用来检验一些具有大的共轭体系或发色官能团的化合物,可以作为其他鉴定方法的补充,要完全确定物质的分子结构,还必须与红外吸收光谱、核磁共振波谱、质谱以及其他化学、物理方法共同配合才能得出可靠的结论。

(三)影响因素

影响紫外吸收的因素有共轭体系的形成、取代基效应、空间效应(空间位阻、构型、构象及跨环效应)、跃迁的类型以及外部因素如溶剂效应、温度、pH 值等。各种因素对吸收谱带的影响表现为谱带位移、谱带强度的变化、谱带精细结构的出现或消失等。谱带位移包括蓝移(或紫移)和红移。蓝移(或紫移)指吸收峰向短波长移动,红移指吸收峰向长波长移动。吸收峰强度变化包括增色效应和减色效应。前者指吸收强度增加,后者指吸收强度减小。

五、圆二色谱

圆二色光谱(简称 CD)是用于推断非对称分子的构型和构象的一种旋光光谱。光学活性物质对组成平面偏振光的左旋和右旋圆偏振光的吸收系数(ε)是不相等的,$\varepsilon L \neq \varepsilon R$,即具有圆二色性。如果以不同波长的平面偏振光的波长 λ 为横坐标,以吸收系数之差 $\Delta \varepsilon = \varepsilon L - \varepsilon R$ 为纵坐标作图,得到的图谱即是圆二色光谱,简称 CD。

(一)原理

平面偏振光通过具有旋光活性的介质时,由于介质中同一种旋光活性分子存在手性不同的两种构型,它们对平面偏振光所分解成的右旋和左旋圆偏振光吸收不同,出射时电场矢量的振幅不同,再次合成的偏振光不是圆偏振光,而是椭圆偏振光,从而产生圆二色性。

根据圆二色光谱法的原理和测试要求设计制成的仪器称为圆二色光谱仪。目前圆二色光谱法及其仪器已广泛应用于有机化学、生物化学、配位化学和药物化学等领域,成为研究有机化合物的立体构型的一个重要方法。

(二)应用

目前研究蛋白质、多肽的二级及高级结构的方法有几种,如 X 射线晶体衍射技术、核磁共振技术和圆二色谱技术等。前两种方法较复杂,并且受很多因素影响,分析起来比较困难。相对而言,圆二色谱技术是一种比较简单且有效的技术,也是目前研究蛋白质二级结构的主要手段之一。圆二色谱技术能快速、简单、较准确地研究溶液中蛋白质和多肽的构象,并且运用断流、电化学等附加装置,结合温度、时间等变化参数,已经广泛用于了解蛋白质-配体的相互作用,监测蛋白质分子在外界条件诱导下发生的构象变化,探讨蛋白质折叠、失活过程中的热力学与动力学等多方面的研究。此外,也应用于测定小分子化合物与DNA相互作用方面的研究,如DNA与配基(包括小分子和蛋白质等大分子)相互作用。

六、旋光光谱

许多有机化合物具有光学活性,能使偏振光的偏振平面发生旋转,这种现象称为旋光。化合物的旋光度和光的波长有关,亦即一个化合物的比旋度随着波长而改变。测定在紫外及可见光(200~700 nm)内的旋光,然后将比旋度对波长作图,即得到旋光光谱。

旋光光谱和圆二色谱两者都可以用于测定有特征吸收的手性化合物的绝对构型,得出的结论是一致的。只是旋光光谱解析起来比较复杂,但能够提供更多的立体结构信息。与圆二色谱一起,在提供手性分子的绝对构型、优势构象和反应历程的信息方面,具有其他任何光谱不能代替的独到优越性。

七、单晶X射线衍射

单晶X射线衍射是利用单晶体对X射线的衍射效应来测定晶体结构的实验方法。其基本原理是当一束单色X射线入射到晶体时,由于晶体是由原子规则排列成的晶胞组成,这些规则排列的原子间距离与入射X射线波长有X射线衍射分析相同数量级,故由不同原子散射的X射线相互干涉,在某些特殊方向上产生强X射线衍射,衍射线在空间分布的方位和强度,与晶体结构密切相关,每种晶体所产生的衍射花样都反映出该晶体内部的原子分配规律。

单晶X射线分析可以独立完成全新的分子结构测定,获得被测样品分子的准确立体结构(构型、构象),包括全未知化合物正确分子三维结构,成键原子的键长、键角、二面角值和分子的立体结构信息,溶剂及结晶水含量等。近年来,随着单晶X射线衍射仪器的发展、结构分析计算方法的成熟和结构解析软件的高度智能化、自动化,确定单晶体化学结构所需时间也在缩短。对于用其他谱学方法一时难以鉴定的化合物,用单晶X射线衍射分析可以更简便、快速、准确。

参考文献

[1] 徐任生. 天然产物化学[M]. 2版. 北京:科学出版社, 2004.
[2] 徐任生,赵维民,叶阳. 天然产物活性成分分离[M]. 北京:科学出版社, 2012.
[3] 王聪慧,任娜,魏微,等. 天然产物分离纯化新技术[J]. 应用化工, 2019, 48(8): 1940-1943.

［4］邹书慧,曹晓锋.天然产物中活性成分提取分离技术初探［J］.技术与市场,2015,22(7)：250.

［5］郎宸用.浅析天然产物分离纯化新技术［J］.福建茶叶,2019,41(9)：3.

［6］杨颖莹,陈复生,布冠好,等.反胶束萃取技术及其在食品科学中应用［J］.粮食与油脂,2012(1)：1-3.

［7］王思明,付炎,刘丹,等.天然药物化学史话:"四大光谱"在天然产物结构鉴定中的应用［J］.中草药,2016,47(16):2779-2796.

第二章　植物中主要功能性组分研究概况

第一节　多酚类化合物

一、多酚类化合物的概述

多酚类化合物是一类含有一种或多种羟基酚的植物化合物,广泛分布于药用植物中,是植物体内的重要次生代谢物,其含量略低于纤维素、半纤维素和木质素。多酚类物质多是水溶性物质,主要分布于植物细胞的液泡内,一般以糖苷形式广泛存在。

多酚类化合物至今还没有一种完善的分类体系,多数根据结构分成两种类型。一是结构比较简单的酚类化合物;二是聚合物类化合物,主要包括木酚素、单宁。很多酚类化合物与烷基、酰基或糖结合成衍生物或以苷的形式存在。可以这样说,凡是植物中存在的芳香化合物,都有以其羟基衍生物伴随存在。它们虽然在酚性基团的性质上是共同的,但由于基本母核不同,因此又有各不相同的性质。

酚类化合物是良好的抗氧化剂,这是因为酚类化合物中的酚羟基是优良的氢或中子给予体,对能引起生物组织膜因产生过氧化作用而导致结构和功能损伤的羟基自由基、过氧自由基等有明显的清除作用。自由基被认为是引起人体衰老和某些慢性疾病发生的原因之一,当人体内的自由基产生过多或消除过慢时,就会转而攻击各种细胞器官并使之受到损伤,从而加速机体的衰老过程并诱发各种疾病。

二、多酚类化合物的性质

多酚类化合物不易挥发,略有吸潮性,在潮湿的空气中能被氧化,溶于水及甲醇、乙醇、丙醇、四氢呋喃等有机溶剂,微溶于油脂、不溶于氯仿。一般多酚对酸、热较稳定,在碱性环境中易发生氧化褐变。

多酚类化合物的定性实验主要利用酚羟基能被氧化成醌以及芳香化合物能与重氮盐偶合呈色的性质。最常用的是三氯化铁呈色反应,多酚类化合物的水或乙醇溶液遇三氯化铁(1%~3%)的乙醇或水溶液,由于不同母核及分子大小羟基多少而呈蓝色、绿色、黑色,个别也有呈红色、紫色等。此外,多酚类化合物常用的鉴别反应还有4-氨基安替比林-铁氰化钾反应、对氨基苯磺酸重氮盐法、明胶氯化钠反应、溴水反应、乙酸铅-硫酸铁铵反应、香草醛-浓硫酸反应、对二甲氨基苯甲醛反应、甲醛浓盐酸-硫酸铁铵反应等。

三、多酚类化合物的提取

(一)传统溶剂提取法

廖霞等分别采用乙酸乙酯、甲醇和水三种溶剂制备黑脉羊肚菌多酚,得出总酚含量为 20.109 mg/g,其中水相多酚含量 14.478 mg/g,甲醇相多酚含量 5.443 mg/g,乙酸乙酯相多酚含量 0.188 mg/g。葛晓虹等从工业苹果渣中提取多酚,其最佳提取工艺:提取温度 65 ℃,提取时间 3.5 h,提取溶剂为 54.46%乙醇,料液比(g/mL)为 4:62.3,此条件下,苹果多酚提取量为 4.48 GAE mg/g。狄科采用单因素试验结合正交试验的方法优化了花椒多酚的乙醇浸提工艺,结果表明,各因素对花椒多酚提取率影响大小顺序:料液比>提取温度>乙醇浓度>提取时间。最佳提取工艺条件:提取溶剂为 60%乙醇,料液比(g/mL)为 1:20,提取温度 60 ℃,提取时间 1.5 h。此工艺条件下,花椒多酚提取率为 6.34%。

(二)超声辅助萃取法

郭蒙等采用超声提取溶剂为辅助提取星宿菜总多酚,得出星宿菜总多酚最佳提取工艺条件:提取溶剂为 55%乙醇、料液比(g/mL)1:60,超声温度 70 ℃,超声时间 70 min。在此条件下,总多酚提取率平均值为 2.86%。茹月蓉等采用超声波辅助法提取青冈栎果壳多酚,得出最佳工艺提取条件:提取溶剂为 50%乙醇、提取时间 25 min、料液比(g/mL)1:40、提取次数 5 次,此条件下的多酚得率为 3.13%。张兆英等采用超声波辅助法提取金丝小枣多酚,得最佳提取工艺条件:超声时间 30 min、提取溶剂为 50%乙醇、料液比(g/mL)1:15、超声功率 210 W、超声温度 50 ℃,此条件下金丝小枣多酚提取量为 12.45 mg/g。

(三)微波辅助萃取法

许瑞如等采用微波辅助萃取法提取桔梗根中多酚,并与传统水提法进行比较,得到的最佳提取工艺条件:微波功率 210 W、料液比(g/mL)1:30、微波时间 60 s、提取溶剂为 50%乙醇、提取次数为 2 次。在此条件下,桔梗根多酚提取量达 6.49 mg/g。薛宏坤等采用响应面法中 Box-Behnken 设计对树莓果渣中总花色苷和总多酚微波辅助萃取工艺进行优化,结果表明:微波辅助萃取树莓果渣中总花色苷和总多酚的最佳提取工艺条件为萃取温度 61 ℃、液料比(mL/g)30:1 和萃取时间 5 min,在该条件下,树莓果渣总花色苷和总多酚含量分别为 4.14 mg C3G/g 和 15.88 mg GAE/g。谢小花等采用微波法提取绿茶中的茶多酚,得到茶多酚最佳提取工艺条件:提取溶剂为 50%乙醇,料液比(g/mL)为 1:9,微波提取功率为 320 W,提取时间为 18 s,微波浸提 2 次,此提取条件下,绿茶中茶多酚提取率较传统提取法高,可达 23.4%。

(四)酶解法

清源等采用酶解法提取橄榄叶粗多酚,确定当纤维素酶:果胶酶:中性蛋白酶为 1:1:2 时,提取效果最佳,多酚提取率为 1.58%;采用单因素和均匀试验设计方法,优化了酶法提取工艺,并确定橄榄叶粗多酚的最佳提取方案:酶解时间 40 min,酶解温度 72 ℃,pH 值 4.2,酶用量 7.1%,料液比(g/mL)1:52。吴永祥等采用酶法提取祁白术多酚(AMP),结果表明,在料液比(g/mL)1:30、酶解时间 20 min 的条件下,当纤维素酶添加量为 1.35%、酶解温度为 44 ℃、pH 值 4.7、搅拌转速 670 r/min 时,AMP 提取量最高,可达到(26.58±0.23)mg/g。

(五)超临界流体萃取法

马景薷等利用超临界 CO_2 萃取技术,通过响应面法优化白背天葵多酚的提取工艺,并与前人所使用的有机溶剂法和超声辅助萃取法进行比较,确定了最佳提取工艺:萃取压力 35 MPa,萃取时间 2 h,萃取温度 4 ℃,CO_2 流量 20 L/h,多酚提取得率为 5.32%。李林利用超临界 CO_2($SCF-CO_2$)萃取绿茶中的茶多酚,以茶多酚提取率为响应值,采用响应面法对萃取工艺予以优化,确定了优化萃取工艺条件:CO_2 压力 25 MPa、萃取温度 80 ℃、萃取时间 2.5 h,在此条件下,$SCF-CO_2$ 可将绿茶中 47.50% 的茶多酚提取出来。

(六)闪式提取法

张云等采用 Box-Behnken 响应面法优化枇杷叶总多酚闪式提取工艺,得最佳提取条件:固定提取次数 2 次,采用 32 倍量 62% 乙醇作为提取溶剂,闪式提取 127 s,在此工艺条件下,枇杷叶总多酚得率为(33.22±1.6)mg/g,与模型预测值 32.86 mg/g 相近,并且远高于回流提取及超声提取的总多酚得率。王长凯等将牛蒡作为原料,加入一定的乙醇用闪式提取器提取,改进闪式提取法提取牛蒡中多酚的最佳提取工艺条件,结果表明,闪式提取牛蒡多酚的最佳工艺:提取溶剂 80% 乙醇,料液比(g/mL)1:28 下,提取 55 s,提取 2 次,牛蒡中多酚提取率最高,为 0.8256%±0.0023%。

四、多酚类化合物的活性

(一)抗氧化活性

多酚类化合物中酚羟基中邻位酚羟基极易被氧化,对活性氧和活性氮等自由基具有很强的捕捉能力,这使得多酚可以清除自由基和淬灭活性氧,减轻自由基对人体的损伤,具有较强的抗氧化能力。油茶叶多酚对 DPPH·、ABTS 自由基、超氧阴离子自由基均有良好的清除效果,且体外抗氧化能力均优于维生素 C。燕麦多酚也具有很强的清除 DPPH· 的能力,且具有良好的量效关系。此外,多酚类化合物不仅具有良好的抗氧化活性,还可以与维生素 C、维生素 E 和胡萝卜素等其他抗氧化物协同作用增强抗氧化功效。因此,在日常生活中,我们应该更加注重各种蔬菜、水果的合理搭配,使多酚类化合物发挥良好的清除自由基活性。

(二)抗肿瘤活性

多酚是一种有效的抗诱变剂,主要通过捕获或清除自由基、阻止癌细胞增殖、诱导癌细胞凋亡、抑制蛋白激酶活性、抑制活性氧等自由基来发挥抗癌抗肿瘤作用。大量的实验研究表明,多酚类化合物的摄入量与肿瘤的发病率密切相关,摄入适量的多酚类化合物可降低癌症的发病率,并提高机体免疫力和抗病能力。茶叶属于酚类化合物,其抗癌的主要成分是茶多酚及其氧化物,具有迅速杀伤抗癌细胞和提高机体免疫能力的功效。水麻果多酚可抑制 Hela 细胞和 A549 细胞的生长增殖,并导致癌细胞产生大量活性氧,出现凋亡形态特征。紫菜多酚对人肝癌细胞 HepG2、人乳腺癌细胞 MCF-7、人恶性黑色素瘤细胞 A375、人子宫癌细胞 HeLa 等 4 株肿瘤细胞具有一定的增殖抑制作用,其中对 A375 细胞的增殖抑制作用最为显著。

（三）抗炎活性

炎症是机体防御的保护性反应，但过多的炎症可能会引起多种疾病。研究表明多酚具有显著的抗炎活性。多酚类物质在抗氧化应激途径中打断氧化应激，主要通过促进花生四烯酸的代谢，吞噬细胞在炎症灶积累的同时，释放活性氧簇，使得多种炎症介质的释放减少，从而可达到抗炎的目的。蓝莓果实多酚提取物能够抑制 LPS 诱导的 RAW264.7 巨噬细胞炎症反应，减少 NO 的分泌，下调被炎症因子激活的 iNOS 和 COX-2 基因的表达，从而缓解和抑制炎症的发生和发展。

（四）抑菌活性

多酚类化合物可以通过抑制有害细菌分泌毒素，从而抑制微生物的生长繁殖。从天然产物中提取出来的多酚类化合物，不仅抑菌活性明显，而且绿色环保，大大减少了抗生素等药物积累对人体的伤害。前期研究结果表明，多酚类化合物对枯草杆菌、金黄色葡萄球菌、大肠杆菌等的抑制作用比较明显，还对青霉、白色念珠菌有一定的抑制作用。目前，茶多酚、黑木耳多酚、莲子多酚、洋葱多酚、菱茎多酚等植物多酚的抑菌活性研究已被报道。大麦多酚对金黄色葡萄球菌、单增李斯特菌、鼠伤寒沙门氏菌、大肠杆菌和克罗诺杆菌具有较高的抑菌活性，这将拓宽大麦的用途，增加其附加值。

（五）保护肝脏

肝脏是一个较容易发生病变的器官，病毒性肝炎、酒精性脂肪肝、肝纤维化、肝硬化和肝癌等都是常见的一些肝病。茶多酚是一种具有强抗氧化作用的物质，通过抑制或减轻肝脏中的脂质过氧化作用，修复肝细胞损伤，恢复肝功能正常，从而保证机体健康。苹果多酚（AP）具有清除自由基、抑制脂质过氧化反应、提高机体抗氧化能力、促进肝细胞修复与再生、保护肝细胞膜及线粒体的功能，因此对多种肝损伤模型具有显著的保护作用。

（六）其他生物活性

此外，多酚还具有降血糖、降血脂、增强免疫功能、防辐射、防治心脑血管疾病以及抗动脉粥样硬化等作用，近年来在医药、食品、保健品及化妆品等领域发挥着不可替代的作用。多酚作为一类储量丰富的可再生绿色资源，开发含有多酚类化合物的保健及功能性食品有着广阔的市场及重要的现实意义。

第二节　黄酮类化合物

一、黄酮类化合物的概述

黄酮类化合物（flavonoid）是在植物中分布非常广泛的一类天然产物，其在植物体内大部分与糖结合成苷类，有一部分是以游离态（苷元）的形式存在。绝大多数的植物体内都含有黄酮类化合物，其对植物的生长、发育、开花、结果及防菌防病等方面起着重要的作用。由于最先发现的黄酮类化合物都具有一个酮式羰基结构，又呈黄色或淡黄色，故称黄酮；又因分子中含有的碱性氧原子能与矿酸等结合成盐，故又有黄碱素之称。现在所讲的黄酮类化合物已远远超出这个范围，有的并非黄色，而是白色、橙色或红色等，分子结构也有显著差异，其共同的特征是均含有 C6～C3～C6 基本碳架，即两个苯环通过三个碳原子相互连接而成。由于黄酮类化合物结构相对比较简单,结构测定和全合成研究开展得比较早,故黄酮类化合物是天然产物化学中研究比较成熟的一类物质。

黄酮类化合物最初主要是指基本母核为 2~苯基色原酮的一类化合物,现在是泛指两个苯环(A 环与 B 环)通过中央三碳相互联结而成的一系列化合物。根据中央三碳的氧化程度、是否成环、B 环的连接位置(2 或 3 位)及两分子黄酮类化合物的结合等特点,可将黄酮类化合物分成黄酮类、黄酮醇类、双氢黄酮类、双氢黄酮醇类、异黄酮类、双氢异黄酮类、查尔酮类、花色素类、双黄酮类等。黄酮类化合物分布广泛,生理活性多种多样,如槲皮素、芦丁、葛根素等具有扩冠活性,牡荆素、汉黄芩素等具有抗肿瘤活性等,因此引起了人们的广泛研究。

二、黄酮类化合物的性质

黄酮类化合物多为结晶性固体,少数为无定型粉末。黄酮类化合物的颜色与分子中存在的交叉共轭体系及助色团(—OH、—CH$_3$)的类型、数目及取代位置有关。一般来说,黄酮、黄酮醇及其苷类多呈灰黄色至黄色,查尔酮为黄色至橙黄色,而二氢黄酮、二氢黄酮醇、异黄酮类等因不存在共轭体系或共轭很少,故不显色。花色素及其苷元的颜色,因 pH 值的不同而变,一般呈红(pH 值<7)、紫(pH 值<8.5)、蓝(pH 值>8.5)等颜色。

黄酮苷元一般难溶或不溶于水,易溶于甲醇、乙醇、乙酸乙酯、乙醚等有机溶剂以及稀碱液。黄酮类化合物的羟基糖苷化后,水溶性相应加大,而在有机溶剂中的溶解度相应减少。黄酮苷一般易溶于水、甲醇、乙醇、乙酸乙酯、吡啶等溶剂,难溶于乙醚、三氯甲烷、苯等有机溶剂。黄酮类化合物因分子中多有酚羟基而呈酸性,故可溶于碱性水溶液、吡啶、甲酰胺及二甲基甲酰胺中。有些黄酮类化合物在紫外光(254 nm 或 365 nm)下呈不同颜色的荧光,氨蒸气或碳酸钠溶液处理后荧光更为明显。多数黄酮类化合物可与铝盐、镁盐、铅盐或锆盐生成有色的络合物。

三、黄酮类化合物的提取

(一)传统溶剂提取法

张兆英等采用有机溶剂浸提法提取香蕉皮中总黄酮,结果表明,有机溶剂浸提法提取香蕉皮中总黄酮的最佳条件组合:提取溶剂 70%乙醇、提取时间 120 min、料液比(g/mL)为 1:40、提取温度 80 ℃,香蕉皮黄酮的最大提取率为 1.60%。傅春燕等采用索氏提取法探索龙牙百合鳞茎总黄酮的最佳提取工艺,结果表明:提取溶剂 75%乙醇,控制料液比(g/mL)为 1:5,提取时间 90 min,提取效果最好,提取率为 3.815%±0.35%。吴梅青采用正交试验优化了柑橘皮中黄酮类化合物最佳提取工艺,得最佳提取工艺条件:提取溶剂 70%乙醇,料液比(g/mL)1:20,回流提取 2 次,每次 2 h,提取温度 85 ℃,总黄酮提取率为 7.68%。

(二)超声波提取法

吴苏喜等采用 5 种有机溶剂分别超声辅助提取油茶蒲总黄酮,结果表明:丙酮、乙醇、1,3-丁二醇、乙酸乙酯-乙醇溶液均为 60%,甲醇溶液为 80%时,提取率最高,分别为

6.28%、5.24%、4.40%、4.13%、4.82%。结合抗氧化活性实验发现,适合油茶蒲总黄酮利用的最佳提取剂是60%乙酸乙酯-乙醇溶液,总黄酮提取率达4.13%。陈建福等采用超声波法提取佛手瓜总黄酮,得出最佳提取工艺条件:提取溶剂69%乙醇、超声温度71 ℃、液料比(mL/g)25∶1、超声时间31 min,在此条件下总黄酮提取率为3.402%。与传统热水浸提法相比,提取率提高了12.69%。李建凤等采用超声波法提取柠檬皮渣总黄酮,得出最佳工艺条件:提取溶剂80%乙醇、提取温度45 ℃、液料比(mL/g)20∶1、提取时间30 min。在此条件下进行3次平行实验,结果表明柠檬皮渣总黄酮的提取率高,而且实验的重现性好,此时平均提取率为1.8167%。

(三)微波提取法

刘淑琴利用微波辅助响应面法优化牛油果中总黄酮提取工艺,结果表明:料液比(g/mL)为1∶32,提取溶剂72%乙醇,微波功率268 W、提取时间28 min,提取量为19.68 mg/g。王远等采用微波辅助提取辣木叶总黄酮,结果表明,辣木叶总黄酮最佳提取条件:提取时间308 s、微波功率302 W、提取溶剂75%乙醇、料液比(g/mL)1∶52,在此条件下总黄酮提取率为5.53%±0.11%。杨洁等采用微波辅助提取黑枸杞总黄酮,得出最佳提取工艺条件:提取溶剂60%乙醇,料液比(g/mL)1∶25,微波时间14 min,微波功率325 W。该提取工艺条件下,黑枸杞总黄酮提取率为4.35%。

(四)酶法提取

段红梅等采用复合酶法提取长白楤木根总黄酮,结果表明,复合酶法提取长白楤木根总黄酮的最佳工艺:复合酶添加量(质量分数为5%,纤维素酶∶果胶酶=1∶1)、提取时间为50 min、液料比(mL/g)为40∶1、提取溶剂50%乙醇。在此条件下长白楤木根总黄酮的提取量达到最大值为(8.6±0.05)mg/g。师艳秋等采用果胶酶对微山湖荷叶进行黄酮提取,得出最佳工艺条件:果胶酶添加量5 mg/g,pH值5.0,酶解时间2.0 h,酶解温度40 ℃,此时酶解效果最好,荷叶总黄酮提取率达1.83%。彭晶等采用纤维素酶法提取大高良姜黄酮,得出最佳工艺条件:酶添加量30.0 U/mL、酶解温度56.6 ℃、pH值5.14、酶解时间1.71 h,在此条件下,大高良姜总黄酮的提取率为5.08%。

(五)超临界流体萃取法

吕小健等用超临界CO_2流体对江西产陈皮中的多甲氧基黄酮进行萃取,并对最佳萃取工艺条件进行探讨,确定陈皮中多甲氧基黄酮最佳萃取工艺:萃取压力28 MPa,萃取温度55 ℃,萃取时间67 min。在此优化条件下,从陈皮中萃取3种主要多甲氧基黄酮总得量为1.89 mg/g。史俊友等采用超临界CO_2流体萃取技术提取大叶白麻叶中的总黄酮,得出最佳提取工艺:原料大叶白麻150 g,夹带剂为900 mL 70%乙醇(pH值=10),萃取温度45 ℃,萃取压力20 MPa,萃取时间2 h。该工艺条件下,大叶白麻中总黄酮的提取率为5.28%,高于溶剂提取法的提取率。

四、黄酮类化合物的活性

(一)抗氧化活性

黄酮类化合物具有极强的抗氧化活性,是作为延缓衰老产品的最佳来源。据国内外研究报道,黄酮类化合物已逐渐成为功能性食品的重要原料成分之一。因此,人们可以通过日常消费的食品来调节人体内自由基的平衡,从而达到抗氧化、延缓衰老的目的,并已受到食品营养学家的广泛关注。新疆母菊和罗马洋甘菊中黄酮提取物的抗氧化活性均较强,其中罗马洋甘菊的抗氧化活性更强,两种提取物中均含有芹菜素、芹苷元-7-葡萄糖苷等抗氧化活性成分。类黄酮以结合态(黄酮苷)或自由态(黄酮苷元)形式存在于豆类植物中,研究发现黑豆、红豆、黄豆、绿豆中黄酮类化合物均具有抗氧化活性,强弱顺序依次为黑豆>红豆>黄豆>绿豆。

(二)抗肿瘤活性

根据流行病学研究,饮食中适当增加黄酮类物质可明显减少慢性疾病甚至癌症的发生,主要是因为黄酮苷元类化合物具有显著抗肿瘤活性。大量体外癌细胞试验证实,黄酮苷元类化合物主要通过促进肿瘤坏死因子,抑制致癌剂及抗氧化等多途径发挥疗效的,尤其是大豆异黄酮苷元可抑制一些癌细胞系的生长及增殖。采用CCK8法检测南非叶总黄酮对人的胃癌细胞、食管癌细胞、肝癌细胞以及乳腺癌细胞增殖抑制活性,发现其在体外对食管癌ECA109细胞具有较强的抑制作用,可诱导细胞凋亡。

(三)降糖活性

糖尿病是导致胰岛素分泌缺陷或功能受损的一种复杂的代谢紊乱,有Ⅰ型糖尿病和Ⅱ型糖尿病2种类型。黄酮类化合物在胰岛素敏感性组织中通过各种细胞内信号途径来调节碳水化合物的消化、胰岛素分泌、胰岛素信号通路和葡萄糖摄取,从而呈现良好的降糖和改善胰岛素抵抗的作用。柑橘皮总黄酮、东风菜总黄酮、玉米须总黄酮均能显著抑制四氧嘧啶所致糖尿病小鼠模型血糖的持续升高,从而降低小鼠空腹血糖值(Glu),改善糖耐量。

(四)抗炎镇痛

炎症是指机体受到损伤后,所做出的防御反应,主要表现为皮肤红肿、发烧、疼痛、瘙痒等症状。大量文献表明,黄酮苷元类化合物还具有很强的抗炎镇痛作用,主要通过影响细胞的分泌过程,有丝分裂及细胞间的相互作用而起抗炎及提高免疫功能。金莲花总黄酮提取物对二甲苯所致的小鼠耳肿胀以及冰醋酸所致小鼠扭体反应有改善效果,还可提高小鼠热板痛阈值。芦蒿总黄酮(ATTF)提取物可以通过抑制巨噬细胞NO的分泌而发挥抗炎作用。

(五)抑菌活性

基于目前抗菌药物的研究现状,天然产物的抑菌作用受到了普遍关注,尤其是黄酮类化合物,已经成为近年来研究的热点之一。大量文献证明,自然界中从低等植物到高等植物,源自植物的花、叶、种子、果实以及根、茎中提取的许多类黄酮,均具有抑菌作用。例如,桑葚籽黄酮对沙门氏菌、大肠杆菌、金黄色葡萄球菌和酵母菌均具有抑制作用;小花鬼针草总黄酮对大肠杆菌敏感性较差,对白色念珠菌、铜绿假单胞菌、金黄色葡萄球菌有一定抑制作用,提示可能有较广的抗菌谱;红萝卜樱黄酮确有较好的抗炎性、抑菌性,抑菌活性随着其添加量的增加而增加。

(六)其他生物活性

现已发现数百种不同类型的黄酮类化合物具有广泛的生物活性和药理活性。因此,除上述功能之外,黄酮类化合物还具有保肝、保护视力、预防骨质疏松和心血管疾病、免疫调节等其他生物活性。

第三节　生物碱

一、生物碱的概述

生物碱是植物中含氮的碱性有机化合物(除氨基酸及维生素 B 以外),大都具有明显的生理活性,是研究得最早最多的一类生物活性成分,也常常作为很多中草药的有效成分。例如,阿片中的镇痛成分吗啡,止咳成分可待因;麻黄中的止喘成分麻黄碱;三棵针、黄连中的抗肠胃道感染成分小檗碱(黄连素);颠茄中的解痉成分阿托品;金鸡纳皮中的抗疟成分奎宁;萝芙木中的降高血压成分利舍平;长春花中的抗癌成分长春碱等。生物碱化学的研究大大促进了有机化学与药物化学的发展,并为合成药物提供了新的线索,例如奎宁化学结构的确定促进了氯奎等抗疟药物的合成。可卡因的研究导致了局部麻醉药普鲁卡因的合成。虽然生物碱往往是许多中草药的主要有效成分,但也有不少例外,例如各种乌头和贝母中的生物碱并不代表原生药的疗效。有些甚至是中草药的有毒成分,如马钱子中的士的宁。同一植物中往往含有几种甚至几十种化学结构相类似的生物碱,但有效的往往只有一两种,通常是其中含量最高的一种,其他则无药效。如麻黄中麻黄碱有效,而伪麻黄碱、甲基麻黄碱则无效;鸦片中的吗啡与可待因同为有效成分,而蒂巴因却无疗效。随着药学的发展,人们对一些原来被认为是无效成分或有毒的生物碱,现已找到了新的用途,如蒂巴因可用作合成某些强效镇痛药物的原料,士的宁可作为中枢神经兴奋剂。

生物碱在中草药中分布很广,一般含量在 1% 就算是比较高了。生物碱在豆科、茄科、防己科、罂粟科、毛茛科等中草药中含量较高,但其在麻黄、苦参、延胡索、贝母、乌头、三棵针、洋金花、龙葵、百部、麦角、常山、益母草、马钱子等常用中草药中含量高低不等,如金鸡纳树皮中奎宁含量高达 10% 以上,黄连根茎中的小檗碱为 8%,而长春花中的长春碱仅为百万分之一左右。

二、生物碱的性质

大多数生物碱为结晶,极少数分子量较小的呈液态,如烟碱、槟榔碱。个别小分子生物碱,如麻黄碱,具有挥发性。少数分子中有较长共轭体系及助色团的生物碱有颜色,如小檗碱等均呈黄色。生物碱多有苦味或辛辣感,如苦参碱,极个别的生物碱有甜味,如甜菜碱。多数生物碱具有旋光性,且多呈左旋。生物碱分子中含有氮原子,氮原子上有一孤对电子,能接受质子,因而表现出碱性,与酸结合成盐。游离生物碱易溶于极性小的有机溶剂,如氯仿、乙醚、乙酸乙酯等,难溶于水,多数脂溶性生物碱在氯仿中的溶解度均较大,这是因为氮原子的未共享电子对与氯仿中的氢形成分子间氢键,产生溶剂化作用的结果。水溶性生物碱包含季铵碱(如小檗碱)、含 N→O 配位键的生物碱(如氧化苦参碱)、分子量较小而极性又较大的生物碱(如麻黄碱)等,易溶于水。酸碱两性脂溶性生物碱除能溶于酸水外,由于分子中有酸性基团还能溶于碱水,如含有酚羟基的吗啡除了溶于酸水外,还可溶于氢氧化钠溶液。多数生物碱及其盐在极性大的溶剂(如甲醇、乙醇、丙酮)中一般都能溶解。生物碱盐一般能溶于水,通常生物碱无机酸盐的水溶性大于有机酸盐,生物碱的无机含氧酸盐的水溶性大于不含氧酸盐。季铵型生物碱在水中的溶解度较大,但与盐酸或氢碘酸成盐后,水溶性明显减小。如小檗碱生成盐酸盐后,水溶性明显减小(1∶500),可从水中析出。生物碱最常用的沉淀试剂是碘化铋钾试剂(dragendoff试剂),在酸水溶液中产生橘红色沉淀。

三、生物碱的提取

(一)传统溶剂提取法

丁轲等采用溶剂回流法提取酸枣仁总生物碱,得出最佳条件:以乙醇为提取溶剂,乙酸辅助提取,质量分数为20%乙酸的乙醇溶液[即乙醇∶乙酸 = 80∶20(V/V)],以20∶1的液固比,在60 ℃下回流提取4.0 h。该方法得到的提取物比正交优化前酸枣仁提取物中的总生物碱含量提高60%以上,且获得的总生物碱粗提物得率可达11%。龙德清等采用酸性醇浸渍法提取魔芋中总生物碱,结果表明,提取魔芋中总生物碱较佳的工艺条件是:在pH值为2~3的酸性醇溶液中,水浴温度为55 ℃左右,提取3.5 h,总生物碱的含量可达0.20%~0.28%。

(二)微波萃取法

李新蕊等采用微波提取法提取地骨皮总生物碱,结果显示地骨皮总生物碱最佳提取工艺条件:液料比(mL/g)27∶1,提取溶剂70%乙醇,微波提取温度73 ℃,微波提取时间22 min,在此条件下总生物碱提取率为3.86%。30批地骨皮总生物碱含量为14.68~39.20 mg/g。Brachet A等从可可叶中提取可卡因和苯甲酰芽子碱,考察了提取溶剂、粒径、样品湿度、微波功率及照射时间等参数,所得提取物与传统方法相当,但用时仅30 s。Ganzier等从羽扇豆种子中提取金雀花碱(司巴丁),与传统的振摇提取法比较,微波法提取物中斯巴丁含量比振摇法高2.0%,而且速度快,溶剂消耗量也大大减少。

(三)超声波提取法

张宏川等使用超声与回流提取相结合的方法对黄连根茎中的总生物碱进行优化提取,得出优化后黄连生物碱的最佳提取工艺:提取溶剂70%乙醇,液料比(g/mL)16.5∶1,超声时间27 min,回流提取时间1.5 h,黄连生物碱理论提取量为255.475 mg/g,实际测得提取率为252.897 mg/g。毛鹏等分别以氯仿、甲醇和工业乙醇为溶剂,对博落回全草中的生物碱进行超声萃取,结果表明最佳工艺:工业乙醇超声提取,浸膏溶于正丁醇∶水 = 1∶1(V/V)的混合溶液,并用正丁醇萃取。然后将正丁醇浸膏溶于氯仿∶水 = 1∶1(V/V)混合溶液,调pH值至10~11,再用氯仿萃取脂溶性总碱。此后,将水相调pH值至中性再用正丁醇萃取水溶性总碱,总生物碱提取率可达3.1%。

(四)超临界流体萃取法

梁燕明等采用超临界CO_2萃取山豆根中苦参碱。具体工艺条件:萃取压力20 MPa,温度50 ℃,提取时间为2.5 h,夹带剂为95%乙醇,夹带剂流量为8 mL/min。在此工艺条件下,苦参碱平均提取率为0.371%。蔡建国等采用超临界CO_2萃取技术并结合使用甲醇、乙醇、丙酮作为夹带剂和Na_2CO_3碱化处理原料,研究对生物碱提取率及提取物中总生物碱含量的影响。在318.15 K、35 MPa的条件下,相对于单纯使用超临界CO_2萃取,使用

甲醇作为夹带剂和 Na_2CO_3 碱化剂可使生物碱的提取率从 0.0436% 提高到 0.2019%,提取物中生物碱的质量分数从 12.5% 提高到 20.03%,提取生物碱的平均分子量从 334.63 提高到 400.03。

四、生物碱的功能

(一)抗氧化

柠条花总生物碱提取物具有显著的抗氧化能力,清除能力远大于苯甲酸,略小于抗坏血酸。益母草总生物碱对 DPPH 自由基和 ABTS 自由基阳离子均有一定的清除作用。木贼生物碱对羟自由基、超氧自由基、DPPH 自由基的清除能力随着生物碱浓度提高而增强,其中对 DPPH 自由基的清除效果最佳,达到 95% 以上。苦荞生物碱和狗头枣生物碱均对 DPPH 自由基表现出了较强的清除能力,为苦荞和狗头枣的综合开发利用提供了理论依据,有利于我们未来对药用价值进行深层次的研究。

(二)抗肿瘤

通过研究马钱子碱、伪马钱子碱、异马钱子碱、伪士的宁、16-甲氧基原士的宁 5 种马钱子生物碱单体对人结肠癌细胞 HT-29 活性的影响,结果发现马钱子碱对结肠癌细胞 HT-29 的抑制作用最强,其次是伪士的宁、异马钱子碱、16-甲氧基原士的宁、伪马钱子碱。邓颖等从滇产两面针的干燥根中分离得到 12 种化合物,分别为 9~去甲氧基两面针碱(1)、8-dehydroxyl-buesgenine(2)、6β-hydroxymenthyldihydronitidine(3)、花椒木精(4)、rhoifoline B(5)、两面针碱(6)、白屈菜红碱(7)、博落回碱(8)、白鲜碱(9)、γ-崖椒碱(10)、茵芋碱(11)和鹅掌楸碱(12),并通过 MTT 法首次评价了化合物 1~12 对黑色素瘤细胞 WM9 增殖的抑制活性,发现化合物 3 和 6 对 WM9 细胞的增殖表现出较强的抑制活性,IC_{50} 值分别为 1.936 μg/mL 和 0.880 μg/mL,研究结果为抗肿瘤药物候选药物分子的发现提供了科学依据。

(三)抗菌

吕梦迪等采用管碟法及两倍稀释法检测碱蓬根总生物碱提取物对三种常见致病菌(大肠杆菌、金黄色葡萄球菌、枯草芽孢杆菌)的抑制效果。结果表明,碱蓬根总生物碱对大肠杆菌及金黄色葡萄球菌有一定的抑菌效果,最低抑菌浓度为 0.4 mg/mL,对枯草芽孢杆菌无抑菌性。张玉玲等通过测定苦豆子总碱、氧化苦参碱、苦参碱和槐定碱对甲型溶血性链球菌、乙型溶血性链球菌、肺炎链球菌、金黄色葡萄球菌、痢疾杆菌、鼠伤寒沙门菌、鲍曼不动杆菌、大肠杆菌、多杀性巴氏杆菌、铜绿假单胞菌和枯草芽孢杆菌的最低抑菌浓度,得出 4 种生物碱在体外对受试菌具有不同程度的抑菌作用,其中苦参碱和槐定碱对上述 11 种病原菌的体外抑菌效果比氧化苦参碱和苦豆子总碱的好。

(四)心血管系统

李钦玲等通过考察 SD 大鼠血压变化确定唐古特乌头总生物碱的心血管活性,结果表明,唐古特乌头总生物碱具有平稳的降压作用,降压速度较平缓,具有一定的心血管活性。马树德等研究表明苦木总生物碱 1 mg/kg 静脉注射对麻醉犬有明显降压作用($P<0.01$),灌胃给药对正常及肾性高血压大鼠均有明显降压作用($P<0.05$),能减慢心率,改善心肌营养性血流量,并有抑制交感神经放电的作用。

(五)增强免疫功能

王大军等研究鹅绒藤总生物碱对正常小鼠体液免疫的影响,结果表明 CCTA 高、中剂量组抗体形成细胞 OD 值及血清溶血素 HC50 明显高于免疫小鼠对照组($P<0.05$,$P<0.01$);与 CCTA 低剂量组比较,CCTA 高、中剂量组抗体形成细胞 OD 值升高($P<0.05$),血清溶血素 HC50 升高($P<0.01$),因此 CCTA 有提高正常小鼠体液免疫的作用。张珠明等研究牛心朴子生物碱对小鼠细胞免疫功能的影响,结果表明饲喂 3 个浓度牛心朴子生物碱后小鼠体重及脏器指数、腹腔巨噬细胞的吞噬机能及外周血液中 T 淋巴细胞数量均有所降低,因此在该试验条件下,一定浓度的牛心朴子生物碱对小鼠的免疫功能有抑制作用。

第四节　萜类化合物

一、萜类化合物的概述

萜类化合物(terpenoid)是一类骨架庞杂、种类繁多、数量巨大、结构千变万化又具有广泛生物活性的一类重要的天然药物化学成分。从化学结构上来看,它是异戊二烯的聚合体及其衍生物,其骨架一般以 5 个碳为基本单位,少数也有例外。但大量的实验研究证明,甲戊二羟酸才是萜类化合物生物合成途径中关键的前体物,而不是异戊二烯结构。因此,凡由甲戊二羟酸衍生,分子式符合(C_5H_8)$_n$ 通式的衍生物均称为萜类化合物。萜类化合物常常根据分子结构中异戊二烯单元的数目进行分类,如单萜、倍半萜、二萜、三萜等。同时可根据各萜类分子结构中碳环的有无和数目的多少,进一步分为链萜、单环萜、双环萜、三环萜、四环萜等,如链状单萜、单环单萜、双环单萜等。萜类大多数是含氧衍生物,所以萜类化合物又可分为醇、醛、酮、羧酸、酯及苷等。

萜类化合物在自然界分布广泛,种类繁多,对萜类成分的研究一直是较为活跃的领域,是寻找和发现天然药物活性成分的重要来源。单萜类化合物是多种植物挥发油中低沸程(140~180 ℃)部分的主要组成成分,能随水蒸气蒸馏出来,但若以苷的形式存在,则不具挥发性,也不能被水蒸气蒸馏出来。倍半萜类化合物是挥发油较高沸程(250~280 ℃)部分的主要组成成分,与单萜化合物常共存于植物挥发油中。单萜的含氧衍生物和倍半萜的含氧衍生物多具有较强的生物活性和香气,是医药、食品和化妆品工业的重要原料。挥发油具有祛痰、止咳、平喘、祛风、健胃、解热、镇痛、抗菌消炎作用,例如,丁香油有局部麻醉和止痛的作用;土荆芥油有驱虫作用。在倍半萜含氧衍生物中,某些倍半萜内酯常具有特殊的生物活性,例如,青蒿中的青蒿素有较强的抗疟活性,蛔蒿中的山道年有驱蛔虫的作用,堆心菊中的堆心菊内酯具有抗癌活性,因而引起了人们的注意。

二萜类化合物在自然界分布很广,如叶绿素、植物体分泌的乳液、树脂等均含有二萜类衍生物。一些二萜的含氧衍生物具有多方面显著的生物活性,有的已成为临床使用的药物。例如,穿心莲中的穿心莲内酯有抗菌作用,雷公藤中的雷公藤内酯和紫杉中的紫杉醇有抗肿瘤活性。三萜及其皂苷具有广泛的生物活性,例如,从女贞子中分离得到的齐墩果酸临床上有治疗肝炎的作用;柴胡皂苷等具有降低血浆脂质中胆固醇含量的作用;从酸枣仁中得到的白桦醇和白桦脂酸具有抗肿瘤和抗艾滋病的作用。

二、萜类化合物的性质

单萜和倍半萜类多为具有特殊香气的油状液体,在常温下可以挥发,或为低熔点的固体。可利用此沸点的规律性,采用分馏的方法将它们分离开来。二萜和二倍半萜多为结晶性固体。萜类化合物多具有苦味,有的味极苦,所以萜类化合物又称苦味素。但有的萜类化合物具有强的甜味,如具有对映贝壳杉烷骨架的二萜多糖苷-甜菊苷的甜味是蔗糖的 300 倍。大多数萜类具有不对称碳原子,具有光学活性。萜类化合物亲脂性强,易溶于醇及脂溶性有机溶剂,难溶于水。随着含氧功能团的增加或具有苷的萜类,则水溶性增加。具有内酯结构的萜类化合物能溶于碱水,酸化后,又自水中析出,此性质用于具有内酯结构萜类的分离与纯化。萜类化合物对高热、光和酸碱较为敏感,或氧化,或重排,引起结构的改变。在提取分离或氧化铝柱层析分离时,应慎重考虑。

三、萜类化合物的提取

(一)传统溶剂提取法

段晓颖等优选灵芝总三萜最佳提取与精制工艺参数时,以灵芝总三萜、灵芝酸 A 为考察指标,通过均匀设计确定总三萜提取最佳工艺参数。灵芝总三萜提取工艺为 8 倍量,用 900 mL/L 乙醇提取 3 次,每次 100 min,提取率达 88.39%。黄红雨等采用单因素和响应面法优化牛樟芝总三萜提取工艺,得出最佳提取工艺参数:提取溶剂 78%乙醇、提取时间 81 min、料液比(g/mL)1∶20,在此条件下,牛樟芝总三萜提取率为 5.26%。

(二)超声辅助提取法

陈琼等采用超声波辅助提取大麦若叶青汁粉总三萜,得出最优工艺条件:提取溶剂 79.97%乙醇、液料比(mL/g)为 24.20∶1、超声时间 22.50 min,大麦若叶青汁粉总三萜预测值为 22.70。根据实际调整方案为 80%乙醇、液料比(mL/g)24∶1、超声时间 22 min,大麦若叶青汁粉总三萜得量为 21.69 mg/g,通过单样本 t 检验,实测值和预测值之间无显著差异($P>0.05$),说明该方法可优化大麦若叶青汁粉总三萜的提取。张爽等利用超声波提取技术结合响应面分析法对富士苹果渣中总三萜的提取工艺进行优化,结果表明:Plackett Burman 设计筛选出对苹果渣总三萜得率有显著影响因素的是粉碎粒度、液固比和乙醇体积分数;通过响应面分析,确定苹果渣总三萜最优提取工艺为粉碎粒度 100 目、液固比(mL/g)12∶1、提取溶剂为无水乙醇、超声时间 20 min、超声温度 40 ℃,在此条件下富士苹果渣总三萜的得率为 7.10%±0.01%。

(三)微波辅助提取

叶芝红等采用微波辅助提取平卧菊三七三萜,结果显示,当 90%乙醇和微波功率 600 W时,微波辅助提取平卧菊三七三萜的最佳提取条件:微波时间 8.6 min、提取温度 57.7 ℃、料液比(g/mL)1∶33。在此条件下平卧菊三七三萜的提取率为 2.13%,与模型预测值 2.14%之间具有良好的拟合性。葛飞等利用响应面分析法对微波辅助提取草菇液态发酵菌丝体中总三萜工艺进行研究,结果显示,草菇液态发酵菌丝体中总三萜的最佳微波提取条件:微波功率 720 W、提取时间 21 min、提取温度 66 ℃和液料比(mL/g)36∶1。在此条件下,草菇菌丝体中总三萜的提取率为 1.65%。

(四)酶辅助提取法

丁霄霄等采用复合酶法(纤维素酶、半纤维素酶、木瓜蛋白酶)提取灵芝总三萜,结果显示酶解提取工艺条件:酶解处理时间、温度和 pH 值分别为 90 min、50 ℃和5,酶解处理后的原料用无水乙醇在 80 ℃水浴回流提取 2 h,提取得率为 1.29%±0.04%,与理论预测值 1.28%接近。史美荣等采用酶法辅助技术提取沙苑子三萜,优化分析所得的最佳工艺参数为液料比(mL/g)40∶1、酶添加量 500 μg/mL、酶解温度 40 ℃、酶解时间 50 min,三萜提取率理论值为 8.08%,实际值为 7.98%,其 RSD 为 0.12%。

(五)超临界流体萃取法

章慧等采用超临界 CO_2(SFE-CO_2)技术萃取灵芝子实体中的三萜成分,通过单因素试验和正交试验确定最佳条件:子实体粒度 10 目、夹带剂 95%乙醇、压力 35 MPa、温度 40 ℃、时间 2.5 h、CO_2 流量 35 g/min、夹带剂体积∶子实体重(mL/g)为 6∶1,萃取物的得率为 2.42%,总三萜的得率为 0.98%,萃取物中三萜的含量为 40.5%。与传统的醇提法相比,SFE-CO_2 法中粗提物和总三萜的萃取率略低,但粗提物中三萜的含量较高,且 HPLC 结果表明 SFE-CO_2 的粗提物中三萜的种类较多。张洁等采用了超临界流体(SF-CO_2)萃取技术提取灵芝子实体中的三萜类化合物,系统考察了温度、压力及时间对萃取效果的影响,确定其最佳萃取条件:压力 15 MPa,温度 35 ℃,动态萃取时间 120 min,CO_2 流量1 mL/min,背压阀温度 50 ℃。此外,还建立了高效液相色谱梯度洗脱分离三萜类化合物的方法。

四、萜类化合物的活性

(一)抗肿瘤活性

紫苏醇是存在于薄荷等药用植物精油中的单环单萜,具有广谱、高效、低毒的抗肿瘤特性。通过抑制结肠癌 SW480 细胞的增殖和细胞内 Notch-1 蛋白的表达,具有一定的抗结肠癌作用。此外它还能诱导肺癌 A549 细胞的凋亡。紫杉醇是一类从红豆杉属植物中分离得到的四环二萜类化合物,可激活 TLR4-NFκB 途径,同时又可诱导 ABCB1 基因表达,对卵巢癌显示出良好的治疗作用。香叶醇广泛存在于芳香类药用植物精油。目前实验证据表明,香叶醇对肺癌、结肠癌、前列腺癌、胰腺癌和肝癌等不同类型的癌症均具有治疗或预防作用。Kim 等研究发现,在结构和功能相似的单萜中,香叶醇可有效诱导肿瘤细胞凋亡和自噬;在分子水平上,香叶醇在抑制 AKT 信号通路的同时,激活 AMPK 信号通路,抑制 mTOR 信号通路,并且通过抑制 AKT 信号通路和激活 AMPK 信号通路的这种组合调节方案对治疗前列腺癌更有效。

(二)抗菌活性

相关报道已证实,青蒿提取物对大肠杆菌、肠球菌、白色念珠菌、酿酒酵母、金黄色葡萄球菌等多种病原菌均有抗菌活性。但青蒿素与其衍生物表现出不同的抗菌动力学特征,青蒿素、青蒿琥酯和双氢青蒿素对大肠杆菌的抗菌活性为双氢青蒿素>青蒿琥酯>青蒿素。青蒿素对伴放线放线杆菌、具核梭杆菌亚种、中间普雷沃菌等牙周致病菌具有抗菌活性,也证实了青蒿素有潜力被开发用于各种牙科疾病的治疗。广藿香醇是广藿香中一种三环倍半萜类化合物,具有体外和体内抗幽门螺杆菌活性,可以有效地杀死幽门螺杆菌,减少胃炎发生。齐墩果酸是一种五环三萜类化合物,其对金黄色葡萄球菌、抗甲氧西林金黄色葡萄球菌及变形链球菌均有一定的抑制作用。薄荷醇是一种环状单萜,许多研究都证实了薄荷醇的抗菌活性,但其抗菌机制尚未阐明。

(三)抗炎活性

陈伟等从短柱八角(Illicium brevistylum A. C. Smith)中分离得到9种二萜类化合物,分别鉴定为异海松酸(1)、脱氢枞酸(2)、3,16-α-二羟基-贝壳杉烷(3)、8,11,13,15-abietatetraen-19-oic acid(4)、methyl-16-nor-15-oxodehydroabietate(5)、12-羟基-脱氢枞酸(6)、3,4-开环海松烷-4,8(9),15(18)-三烯-3-酸甲酯(7)、15-羟基取代松香烷甲酯(8)、9-β,13-β-endoperoxide-abieta-8(14)-en-18-oic acid(9),其中化合物(4)~(6)、(8)均具有较强的抗炎活性。Bi 等研究了芍药中芍药苷、芍药苷衍生物、4-O-甲基芍药苷(MPF)、4-O-甲基苯甲酰基芍药苷(MBPF)等9种单萜类化合物的抗炎活性及作用机制。结果表明,大部分单萜抑制脂多糖诱导的一氧化氮(NO)、白细胞介素-6(IL-6)和肿瘤坏死因子 α(TNF-α)的产生。MBPF 能够下调 LPS 刺激的 RAW264.7 细胞中诱导型一氧化氮合酶(iNOS)的 mRNA 转录和蛋白表达水平。

(四)抗疟活性

青蒿素是一种倍半萜内酯化合物,具有高效、低毒、快速杀灭疟原虫等特性,且不与其他抗疟药产生交叉耐药性。2015 年,中国药学家屠呦呦因从大量中医古籍中筛选出青蒿作为抗疟疾首选药材,率先发现青蒿有效部位乙醚提取物,而获得诺贝尔生理学或医学奖。另外,还有人从植物红雀珊瑚 Pedilanthus tithymaloides (L.) Poit. 和枣属植物 Ziziphus cambodiana 中分离出具有抗疟活性的萜类化合物。

(五)抗病毒活性

五环三萜类化合物桦木酸及其结构修饰物具有抗 HIV 活性,是许多中草药的主要有效成分之一。桦木酸是最早被确认为具有抗 HIV 活性的羽扇豆烷型五环三萜类化合物,可影响病毒与细胞融合,抑制反转录酶活性和病毒体组装。此外,甘草酸还能有效地抑制严重急性呼吸综合征相关病毒的复制,并调节人类免疫缺陷病毒(HIV)包膜的流动性。单萜类化合物(如桉树脑、冰片)以及三萜皂苷(如甘草酸、齐墩果烷型三萜皂苷)都具有强效的抗 HSV-1 活性。青蒿素及其衍生物对人巨细胞病毒、乙型肝炎病毒、丙型肝炎病毒显示出特异性的抑制活性。青蒿琥酯可抑制乙型肝炎表面抗原分泌,降低 HBV 的基因表达水平。

(六)其他生物活性

此外,萜类化合物还具有抗心血管疾病、降血糖、免疫调节、神经保护等活性功能。如丹参酮 IIA 是中药丹参中主要有效成分之一,对多种心血管疾病都有着显著的治疗作用。人参皂苷 Compound K[20-O-β-D-glucopyranosyl-20-(S)-protopanaxadiol,CK]能显著提高胰岛素分泌和细胞 ATP 含量,并上调了 GLUT2 蛋白的表达。齐墩果酸、熊果酸、枇杷叶三萜酸具有良好的免疫调节作用等。

第五节　皂苷类化合物

一、皂苷类化合物的概述

皂苷(saponin)是苷元为三萜或螺旋甾烷类化合物的一类糖苷,主要分布于陆地高等植物中,也少量存在于海星和海参等海洋生物中。许多中草药如人参、远志、桔梗、甘草、知母和柴胡等的主要有效成分都含有皂苷。有些皂苷还具有抗菌、解热、镇静、抗癌等有价值的生物活性。

皂苷由皂苷元与糖构成,组成皂苷的常见糖有葡萄糖、半乳糖、鼠李糖、阿拉伯糖、木糖、葡萄糖醛酸和半乳糖醛酸等。苷元为螺旋甾烷类(C-27甾体化合物)的皂苷称为甾体皂苷,分子中不含羧基,呈中性,主要存在于薯蓣科、百合科和玄参科等,燕麦皂苷D和薯蓣皂苷为常见的甾体皂苷。苷元为三萜类的皂苷称为三萜皂苷,大部分呈酸性,少数呈中性,主要存在于五加科、豆科、远志科及葫芦科等,其种类比甾体皂苷多,分布也更为广泛。皂苷根据苷元连接糖链数目的不同,可分为单糖链皂苷、双糖链皂苷及三糖链皂苷。在一些皂苷的糖链上,还通过酯键连有其他基团。

二、皂苷类化合物的性质

皂苷类化合物大多为无色或乳白色无定形粉末,仅少数为结晶体,如常春藤皂苷。多数皂苷类化合物具有苦味和辛辣味,对人体黏膜有强烈的刺激性,鼻内黏膜尤其敏感,但也有例外,如甘草皂苷有显著的甜味,且对黏膜刺激性较弱。大多数皂苷具有吸湿性,应干燥保存。多数三萜皂苷呈酸性,但也有例外,如人参皂苷、柴胡皂苷等则呈中性。酸性皂苷分子中所带的羧基,有的在皂苷元部分,有的在糖醛酸部分,在植物体内常与钾、镁、钙等金属离子结合成盐的形式存在,而大多数甾体皂苷呈中性。大多数皂苷极性较大,易溶于水、热甲醇和乙醇等极性较大的溶剂,难溶于丙酮、乙醚等有机溶剂。皂苷水溶液经强烈振荡能产生持久性的泡沫,且不因加热而消失,这是由于皂苷能降低水溶液表面张力。皂苷无明显的熔点,一般只有分解点。由于苷键所含的糖一般为α-羟基糖,水解所需的条件较为剧烈,一些皂苷元往往会发生脱水、环合、双键移位、取代基移位和构型转化等变化,生成人工产物,给研究工作带来诸多麻烦。因此常需要选用比较温和的水解方法,如光分解法、Smith氧化降解法、酶解法或土壤微生物淘汰培养法等。

三、皂苷类化合物的提取

(一)传统溶剂提取法

吴正中等采用不同浓度的乙醇作为提取溶剂,通过正交实验确定最佳提取工艺条件:采用6倍体积的70%乙醇为提取溶剂,回流6次,每次回流45 min,此时提取效率为5.52%。衣丹等研究得到海参蒸煮废液中皂苷的最优提取工艺条件:提取溶剂64%乙醇,提取温度56 ℃,料液比(g/mL)1∶2,海参皂苷的提取率为1.68%。经过工艺优化,海参皂苷的提取率明显提高,为海参废液的资源化利用提供依据。

（二）超声提取法

林国荣等采用超声波辅助提取杏鲍菇皂苷，确定超声辅助提取杏鲍菇皂苷的最佳提取条件为超声提取时间 31 min，液固比（mL/g）11.5:1，提取温度 65 ℃，提取液 pH 值 8.4，此时杏鲍菇皂苷提取率可达到 3.19%。赵亚东等通过单因素和正交实验对超声波辅助溶剂提取青海藜麦皂苷的工艺条件进行优化，结果表明，超声波辅助乙醇提取皂苷的最佳工艺条件：提取溶剂 90% 乙醇，料液比（g/mL）1:15，提取时间 20 min、功率 400 W、提取温度 45 ℃，在此条件下藜麦皂苷含量达到 115.74 mg/100g。

（三）微波提取法

杨洁等采用单因素结合响应面试验对藜麦皮总皂苷微波辅助提取工艺进行优化，结果表明，乙醇浓度、微波功率和料液比（g/mL）对藜麦皮总皂苷得率有极显著影响；优化工艺条件：提取溶剂 68% 乙醇，微波功率 455 W，料液比（g/mL）1:32，微波时间 10 min，提取次数 2 次。该条件下藜麦皮总皂苷得量为 26.329 mg/g。黎海彬采用微波辅助提取技术提取罗汉果皂苷，结果表明，最佳的微波辐射时间 5 min、微波功率是 495 W、原料的粉碎度为不小于 0.15 mm 及固液比（g/mL）1:30，和传统的加热提取相比较，微波辅助提取的提取时间为5 min时，提取率达 76.56%，而传统的加热提取时间为 2 h 时，提取率为 68.46%。

（四）超临界提取法

杨端应用超临界 CO_2 萃取技术提取藜麦麸皮皂苷，得出最佳工艺参数为超临界压力 37 MPa，超临界温度 60 ℃，萃取时间 96 min，提取溶剂 74% 乙醇，在此条件下，藜麦麸皮皂苷提取率为 0.96%。影响藜麦麸皮皂苷提取率的因素按影响力由大到小依次为超临界压力>萃取时间>超临界温度>乙醇浓度。樊红秀等采用超临界流体提取的方法提取人参皂苷，通过单因素和正交实验优选萃取人参皂苷的工艺，确定最佳工艺：100 g 人参粉为原料、70% 乙醇为夹带剂，萃取压力 30 MPa、萃取温度 45 ℃、萃取时间 4 h、夹带剂用量 200 mL、萃取次数 2 次，在该条件下总皂苷的提取率可达到 1.1053%±0.0491%，其中人参皂苷单体 Rg1、Re、Rb1、Rc、Rb2、Rd 的提取率分别为 0.1862%±0.0205%、0.1710%±0.0114%、0.3656%±0.0306%、0.1408%±0.0033%、0.1370%±0.0121%、0.1047%±0.0061%。

（五）酶法提取

余美琼等采用复合酶制剂辅助乙醇提取无患子总皂苷，结果表明，最佳提取工艺条件：复合酶配比 3:1、酶解时间 120 min、酶解温度 50 ℃、pH 值为 4.0。在该条件下无患子总皂苷的提取率可达 19.44%。张明春等采用复合酶法（纤维素酶与果胶酶）提取酸枣仁皂苷，得出最佳提取工艺条件：纤维素酶与果胶酶最适比例 1:1、pH 值为 4.5、酶解温度45 ℃、酶解时间 5 h，经 t 检验，两种工艺的酸枣仁皂苷的提取率具有显著的差异（$P<0.001$），复合酶法提取工艺比传统回流提取工艺的酸枣仁皂苷提取率提高 1.78 倍。

四、皂苷类化合物的活性

（一）抗氧化活性

植物皂苷具有较强的抗氧化作用，如藜麦总皂苷、山药总皂苷、鹰嘴豆总皂苷、杏鲍菇皂苷、苜蓿皂苷、刺玫果皂苷等。前期研究,鹰嘴豆总皂苷对总抗氧化能力、DPPH·及·OH 自由基的清除能力及还原能力呈现一定的剂量-效应关系。杏鲍菇皂苷类化合物具有延缓油脂氧化酸败的作用,且抗氧化效果明显优于维生素 C,表明杏鲍菇皂苷是具有潜力的天然、无毒、高效的新型天然抗氧化剂。苜蓿皂苷具有清除自由基(羟基、超氧、DPPH)和螯合 Fe^{2+} 的能力,且抗氧化活性均随皂苷浓度的升高而增强。

(二)抗肿瘤活性

通关藤总皂苷对人肝癌细胞 Hepg2 具有抑制作用,当提取物浓度大于 0.312 mg/mL 时,人肝癌细胞 Hepg2 的增殖即受到抑制,且随着药物剂量的增大,其差异更为显著。油茶皂苷 W 可以明显抑制人非小细胞肺癌细胞的增殖,且能够诱导肿瘤细胞发生自噬,表明其具有良好的抗肿瘤药效。野木瓜果实总皂苷能显著抑制 A549 细胞、BEL-7402 细胞和 SGC-7901 细胞的增殖,呈一定剂量和时间依赖关系,其中 BEL-7402 细胞对野木瓜果实总皂苷最为敏感。

(三)抗菌活性

薤头总皂苷对酵母菌、白色念珠菌及金黄色葡萄球菌等都具有抑制作用,但对大肠杆菌、枯草芽孢杆菌、绿脓杆菌等抗菌活性很弱或无抗菌活性。海参中两种三萜皂苷 Holothurin A 和 Holothurin B 对多种真菌具有一定的抑制作用。黑刺菝葜根茎中总甾体皂苷对蜡样芽孢杆菌、变形杆菌、枯草杆菌、巨大芽孢杆菌、大肠杆菌、金黄色葡萄球菌和木霉、青霉、黑曲霉、黄曲霉有非常强的抑制活性,而且存在着抑菌的活性分子群及增菌的活性分子群。

(四)降糖活性

人参皂苷、刺五加叶皂苷(ASS)、三七皂苷、黄毛楤木皂苷、大豆皂苷、黄芪皂苷、苦瓜皂苷、玉米须皂苷、罗汉果皂苷等均具有降低高血糖的作用,对于糖尿病及并发症的防治具有重要价值。玉米须粗总皂苷有较好的降糖活性,能降低正常小鼠血糖水平,对肾上腺素、四氧嘧啶、链尿佐菌素所导致小鼠高血糖模型也有较好的降糖作用,并明显改善其他指标。苦瓜茎皂苷致高血糖小鼠血糖降低,血清胰岛素含量增高,肝糖原增加,丙二醛(MDA)含量降低,对损伤的 RIN-M5F 细胞有修复作用。

(五)调节免疫功能活性

三七总皂苷(PNS)S-3 组分在体外具有一定的细胞免疫活性和诱生细胞因子的能力,为从 PNS 中开发出安全、高效的动物免疫增强剂奠定了基础。将苜蓿皂苷添加到饲料中,可在一定程度上提高动物的免疫力。以小鼠外周血淋巴细胞增殖、血清溶血素以及免疫器官指数为评价指标,发现不同剂量的绞股蓝总皂苷对小鼠免疫细胞具有不同的刺激能力,这种刺激能力可以作为筛选免疫增强剂的指标。

(六)其他生物活性

除上述生物活性外,皂苷还有其他重要作用,如抗血栓形成、对心脏的保护、对中枢神经系统的抑制等。三七总皂苷可使家兔血浆复钙时间、凝血时间延长,对实验家兔形成血栓具有明显的抑制作用。胡皂苷对中枢神经系统有抑制作用,拮抗中枢兴奋,可使试验大鼠自发活动减少。

第六节　多糖

一、多糖概述

多糖(polysaccharide)是由多个单糖分子缩合、失水而成,是一类分子结构复杂且庞大的糖类物质。凡符合高分子化合物概念的碳水化合物及其衍生物均称为多糖。由相同的单糖组成的多糖称为同多糖,如淀粉、纤维素和糖原;以不同的单糖组成的多糖称为杂多糖,如阿拉伯胶是由戊糖和半乳糖等组成。多糖不是一种纯粹的化学物质,而是聚合程度不同物质的混合物。

多糖的结构单位是单糖,多糖分子量从几万到几千万。结构单位之间以苷键相连接,常见的苷键有 $\alpha-1,4-$苷键、$\beta-1,4-$苷键和 $\alpha-1,6-$苷键。结构单位可以连成直链,也可以形成支链,直链一般以 $\alpha-1,4-$苷键(如淀粉)和 $\beta-1,4-$苷键(如纤维素)连成;支链中链与链的连接点常是 $\alpha-1,6-$苷键。

多糖是构成生命的四大基本物质之一,广泛存在于高等植物、动物、微生物、地衣和海藻等中,如植物的种子、茎和叶组织、动物黏液、昆虫及甲壳动物的壳真菌、细菌的胞内胞外等。某些多糖,如纤维素和几丁质,可构成植物或动物骨架。淀粉和糖原等多糖可作为生物体储存能量的物质。不均一多糖通过共价键与蛋白质构成蛋白聚糖发挥生物学功能,如作为机体润滑剂、识别外来组织的细胞、血型物质的基本成分等。

多糖在抗肿瘤、抗炎、抗病毒、降血糖、抗衰老、抗凝血、免疫促进等方面发挥着生物活性作用。具有免疫活性的多糖及其衍生物常常还具有其他活性,如硫酸化多糖具有抗HIV 活性及抗凝血活性,羧甲基化多糖具有抗肿瘤活性。因此对多糖的研究与开发已越来越引起人们的广泛关注。

二、多糖的性质

多糖一般不溶于水,无甜味,不能形成结晶,无还原性和变旋现象,但有旋光性。多糖也是糖苷,所以可以水解,在水解过程中,往往产生一系列的中间产物,最终完全水解得到单糖。

三、多糖的提取

(一)传统溶剂提取法

董万领等研究菜籽粕多糖热水浸提工艺,得出影响多糖提取率的因素大小顺序:料液比>提取时间>提取温度。优化的菜籽粕多糖热水浸提最佳工艺为提取温度 80 ℃,提取时间 3.4 h,料液比(g/mL)1∶34,提取 1 次。该工艺下,多糖得率为 2.09 %。孙平等研究回流法提取枸杞多糖的工艺条件,结果表明:温度和时间具有显著性($P<0.05$),最终确定提取工艺的最佳条件是以水加热回流提取,温度为 90 ℃,时间为 2.5 h,料液比(g/mL)1∶25,提取 3 次,提取率达到 10.33%。

(二)超声波提取法

林敏等采用响应面法优化生姜多糖超声辅助提取工艺,得出最优条件为液料比

(mL/g)18∶1,温度65 ℃,时间70 min,超声功率130 W。此条件下多糖的提取率预测值为1.805%,验证值为1.809%。李文谦等采用超声法提取枸杞多糖,结果表明,超声波功率、超声波处理时间、料液比(g/mL)与枸杞多糖得率存在显著的相关性,得到优化提取条件为超声波功率249.5 W,超声提取时间16.5 min,料液比(g/mL)1∶25.4,此时枸杞多糖得率达到理论最大值5.318%。

(三)微波提取法

杨嘉丹等对银耳多糖微波辅助提取法的优化工艺进行研究,确定最佳提取条件为液料比(mL/g)50∶1、粒度120目、微波功率400 W、微波时间2.0 h,此条件下银耳多糖的提取率达到33.25%±0.14%。魏增云等利用微波辅助技术进行吴茱萸多糖提取,确定微波提取吴茱萸多糖的最佳工艺参数为微波功率390 W、提取时间为101 s、提取次数2次、液料比(mL/g)为103∶1。经验证试验测定多糖提取率为21.01%,与预测的最大响应值21.90%的相对偏差为4.06%。

(四)酶法提取

谢玮采用正交试验优化复合酶提取黑松松针多糖的工艺,根据优化后的工艺条件,建立了双酶复合提取黑松松针多糖的工艺,且证实分步加酶法提取的多糖得率较高,即液料比(mL/g)20∶1,酶解温度50 ℃,pH值为6.5,先添加2.5%纤维素酶,酶解2 h,后添加1.5%果胶酶,酶解1.5 h。此条件下得到的黑松松针多糖得率达6.17%,远高于单酶提取效果。马利华采用复合酶(纤维素酶、木瓜蛋白酶和果胶酶)提取生姜多糖,结果表明:纤维素酶1.0%、果胶酶0.5%、木瓜蛋白酶2.0%,温度为50 ℃,pH值为4.5,时间为60 min,生姜多糖的提取率最高,生姜多糖平均提取量为272.69 mg/g,纯度为69.8%。

四、多糖的活性

(一)抗氧化活性

多糖发挥抗氧化作用主要表现在以下两个方面:①对自由基的直接或间接清除作用;②提高抗氧化酶活性或降低氧化酶活性。百合多糖和海草多糖对DPPH自由基清除活性随着多糖浓度的增加而增加。米糠多糖和生姜多糖对羟基自由基均表现出较好的清除能力。菜籽饼粕多糖(PRM)可明显降低D-gal衰老小鼠肝肾组织中过高的MDA含量,上调其过低的抗氧化酶超氧化物歧化酶(SOD)活性。黄芪多糖可显著改善SOD活性和谷胱甘肽过氧化物酶(GPX)活性并且能够通过增加EA.hy926细胞中SOD的表达和减少胞质的过氧化作用来阻止细胞内氧化应激引起的ROS的产生,从而保护细胞免受氧化应激损伤。

(二)抗肿瘤活性

多糖对肿瘤的生长具有一定的抑制作用。植物多糖是从植物中提取的活性大分子,因其安全性高,又对肿瘤活性具有抑制作用,所以成为研究抗肿瘤药物方面的热点。生物多糖对肿瘤的抑制作用主要通过两个途径:一是通过增强机体的免疫功能发挥间接作用;二是通过对肿瘤本身细胞代谢的影响发挥直接杀伤作用。羧甲基茯苓多糖与茯苓多糖对人肝癌细胞HepG-2的增殖均具有一定的抑制作用,其中经过修饰后的羧甲基茯苓多糖活性更强。灵芝多糖对胃肿瘤细胞具有一定的抑制作用,可以影响胃肿瘤细胞MKN45 和 AGS 的增殖、凋亡及生长周期。

(三)调节免疫力活性

多糖主要通过以下几个方面来增加机体的免疫功能,如促进机体生成抗体,提高抗体效价,增强体液免疫功能;通过促进 T、B 淋巴细胞的增殖来增加细胞的免疫功能;通过提高巨噬细胞的吞噬活性,增加巨噬细胞数目;通过改变免疫细胞内细胞信号分子的含量和相对比值,调节机体免疫功能。金针菇子实体多糖 FVPB1 可激活小鼠 B 细胞并促使其增殖、分泌免疫球蛋白 IgG、IgM 和产生 IL-10,且可通过细胞外调节蛋白激酶、c-Jun 氨基末端激酶和 P38 丝裂原活化蛋白激酶相关信号通路激活 B 细胞释放 IL-10,表现出一定免疫调节活性。

(四)调节血糖血脂活性

多糖能明显降低高脂血症、糖尿病及正常大鼠血清中的总胆固醇、甘油三酯、低密度脂蛋白水平,升高高密度脂蛋白胆固醇水平,同时改善卵磷脂胆固醇酰基转移酶,促进胆固醇的逆向转运和代谢,对糖尿病并发症的预防和治疗有重大作用。山药多糖、麦冬多糖、海带多糖、丹皮多糖、黄芪多糖等通过促进胰岛素分泌来降低血糖浓度;多糖、人参茎多糖、玉米须多糖、紫心甘薯多糖等可通过调节代谢中相关酶的活性,抑制糖异生,并促进外周组织和靶器官对糖的利用,从而促进肝糖原合成,改善代谢紊乱,以降低血糖浓度;番石榴多糖、枸杞多糖、柿叶多糖、硫酸化牛膝多糖等通过抗氧化、清除自由基、保护和修复胰岛 β 细胞来降低血糖浓度;薏苡仁多糖、党参多糖和南瓜多糖等通过调节、恢复免疫系统功能、保护胰岛 β 细胞来降低血糖浓度。东方栓孔菌多糖组分 TOPS-1 对胰脂肪酶有一定的促进作用,表现出一定的降血糖和调血脂活性。

参考文献

[1]廖霞,李苇舟,郑少杰,等.黑脉羊肚菌多酚分级制备及其抗氧化活性[J].食品科学,2017,38(23):26-31.

[2]葛晓虹.苹果渣总酚提取工艺优化[J].河南科技学院学报(自然科学版),2016,44(05):52-58.

[3]狄科.花椒中多酚类物质的提取纯化及活性研究[D].南京:南京农业大学,2011.

[4]郭蒙,石慧丽,杨华,等.星宿菜总多酚提取工艺优化及抗氧化活性[J].粮食与油脂,2021,34(02):113-117.

[5]茹月蓉,张之杨,杨金梅,等.青冈栎果壳多酚超声波辅助提取工艺优化及体外抗氧化能力研究[J].食品与机械,2020,36(03):179-184.

[6]张兆英,王君,宋立立,等.金丝小枣多酚的提取及抗氧化性和抑菌活性研究[J].中国调味品,2020,45(03):42-47.

[7]许瑞如,张秀玲,李晨,等.微波提取桔梗根多酚工艺优化及抗氧化特性研究[J].食品与发酵工业,2020,46(04):187-196.

[8] 薛宏坤,谭佳琪,赵月明,等.树莓果渣总花色苷和总多酚微波萃取工艺及组分分析[J].精细化工,2019,36(08):1617-1624.

[9] 谢小花,戴缘缘,陈静,等.微波法从绿茶中提取茶多酚的工艺研究[J].佳木斯大学学报(自然科学版),2019,37(03):443-446.

[10] 清源,赵燕,张万明.油橄榄叶多酚的酶法提取及稳定性研究[J].中国调味品,2020,45(03):48-52+61.

[11] 吴永祥,王雅群,戴毅,等.祁白术多酚酶法提取工艺优化及其抗氧化、抑制黑色素合成活性[J].核农学报,2019,33(06):1146-1155.

[12] 马景蕃,林哲民,柳盈,等.白背天葵多酚的提取及其抗氧化活性[J].热带作物学报,2020,41(07):1450-1458.

[13] 李林.绿茶茶多酚超临界 CO_2 提取及体外抗氧化活性检测[J].安徽农业科学,2009,37(34):17061-17063+17066.

[14] 张云,杨晨,黄金秋,等.Box-Behnken 响应面法优化枇杷叶总多酚闪式提取工艺[J].广州化工,2019,47(13):112-116.

[15] 王长凯,江润生,易香羽,等.牛蒡多酚的闪式提取工艺优化[J].农产品加工,2019(09):28-30+33.

[16] 张兆英,张亚楠,彭伟盼.香蕉皮中总黄酮提取条件优化及抗氧化性能的研究[J].饲料研究,2019,42(09):68-72.

[17] 傅春燕,罗聪,龙佳欣,等.龙牙百合总黄酮的索氏提取工艺正交优化及抗氧化性研究[J].邵阳学院学报(自然科学版),2019,16(05):64-72.

[18] 吴梅青,李俊雅,陈丹.柑橘皮中总黄酮提取工艺及降血糖活性的试验研究[J].食品研究与开发,2018,39(05):56-59.

[19] 吴苏喜,吴美芳,谢妍祎,等.油茶蒲不同溶剂粗提液的总黄酮提取率与抗氧化活性比较[J].中国油脂,2019,44(06):116-119+123.

[20] 陈建福,林洵,陈美慧,等.响应面法优化超声辅助提取佛手瓜总黄酮的工艺研究[J].中国饲料,2015(16):25-28+33.

[21] 李建凤,廖立敏,王碧.超声波提取柠檬皮渣总黄酮研究[J].华中师范大学学报(自然科学版),2011,45(03):426-429.

[22] 刘淑琴.牛油果黄酮提取工艺优化及其体外抗氧化活性分析[J].食品科技,2020,45(05):207-214.

[23] 王远,郑雯,袁田青,等.辣木叶总黄酮微波辅助提取工艺优化及其抑制 α-葡萄糖苷酶活性研究[J].核农学报,2018,32(01):84-94.

[24] 杨洁,杨敏,支宇慧,等.黑枸杞总黄酮微波辅助提取及其抗氧化活性研究[J].保鲜与加工,2018,18(04):55-60.

[25] 段红梅,王丹丹,洪豆,等.复合酶法提取长白楤木根总黄酮工艺优化及抗氧化活性研究[J].食品工业科技,2020,41(12):174-180+206.

[26] 师艳秋,尹春光,王晓强,等.荷叶总黄酮的酶法提取工艺研究[J].济宁学院学报,

2016,37(03):5-8.

[27]彭晶,杨颖,牛付阁,等.响应曲面法优化大高良姜黄酮酶法提取工艺[J].食品科学, 2013,34(14):169-172.

[28]吕小健,许引,董攀飞,等.响应面优化超临界CO_2萃取陈皮多甲氧基黄酮研究[J]. 食品研究与开发,2019,40(11):16-20.

[29]史俊友,景年华,李彩霞.大叶白麻中总黄酮超临界CO_2萃取工艺优化[J].食品与机械,2015,31(05):231-233+249.

[30]丁轲,胡彦周,陈湘宁,等.酸枣仁总生物碱提取方法研究[J].北京农学院学报,2016, 31(04):12-16.

[31]龙德清,饶贞学,丁宗庆.酸性醇浸渍法提取魔芋中的总生物碱[J].食品科学,2003 (10):126-127.

[32]李新蕊,司明东,谢振元,等.响应面法优化地骨皮总生物碱微波提取工艺研究[J].亚太传统医药,2020,16(06):72-75.

[33]BRACHET A,CHRISTEN P,VEUTHEY J L. Focused microwave assisted extraction of cocaine and benzoylecgonine from coca leaves[J]. Phytochemical Analysis:PCA,2002, 13(3):162-169.

[34]GANZLER K,SZINAI I,SALG6 A. Effective sample preparation method for extracting biologically active compounds from different matrices by a microwave technique[J]. Journal of chromatography,1990,520(1):257-262.

[35]张宏川,刘思洋,孙宁阳,等.响应面分析法优化黄连生物碱提取工艺的研究[J].中药材,2016,39(01):143-146.

[36]毛鹏,周乐,冉晓雅,等.博落回生物碱提取工艺初步研究[J].西北农业学报,2004 (02):97-100.

[37]梁燕明,郭伟.山豆根中苦参碱不同提取方法的对比研究[J].化工技术与开发,2008 (04):17-19.

[38]蔡建国,张涛,陈岚.超临界CO_2流体萃取博落回总生物碱的研究[J].中草药,2006 (06):852-854.

[39]邓颖,沈晓华,邓璐璐,等.滇产两面针中抗肿瘤活性生物碱成分研究[J].天然产物研究与开发,2020,32(08):1370-1378.

[40]吕梦迪,郭斌,韩冠英,等.响应面法优化碱蓬根总生物碱的提取工艺及其抑菌活性[J].食品工业科技,2020,41(12):121-125+132.

[41]张玉玲,岳晓琪,张艳丽.苦豆子生物碱体外抑菌活性的检测[J].轻工科技,2019,35 (07):33-34.

[42]李钦玲,郭晓忠.藏药唐古特乌头总生物碱的LD_{50}及心血管活性研究[J].化学与生物工程,2019,36(09):16-19.

[43]马树德,谢人明,苗爱蓉,等.苦木总生物碱对心血管系统的作用[J].药学学报,1982 (05):327-330.

[44]王大军,王琦,王宁萍,等.鹅绒藤总生物碱对小鼠体液免疫功能的影响[J].宁夏医科大学学报,2009,31(02):161-162+170.

[45]张珠明,汪仁莉,何生虎.牛心朴子生物碱对小鼠细胞免疫功能的影响[J].安徽农业科学,2009,37(32):15717-15719+15832.

[46]段晓颖,范梨颖,马秋莹,等.灵芝总三萜提取与精制工艺优选[J].中医研究,2018,31(11):59-63.

[47]黄红雨,赵虎,金晓艳.响应面试验优化牛樟芝总三萜提取工艺[J].食品研究与开发,2017,38(12):30-34.

[48]陈琼,许雪华,蒋变玲.大麦若叶青汁粉总三萜超声提取工艺研究[J].兰州文理学院学报(自然科学版),2021,35(02):39-45.

[49]张爽,任亚梅,刘春利,等.响应面试验优化苹果渣总三萜超声提取工艺[J].食品科学,2015,36(16):44-50.

[50]叶芝红,赵艳,朱艳萍,等.响应面法优化微波辅助提取平卧菊三七三萜的工艺研究[J].食品工业科技,2016,37(02):291-295.

[51]葛飞,石贝杰,龚倩,等.响应面法优化草菇液态发酵菌丝体中总三萜的微波提取工艺[J].食品工业科技,2015,36(03):270-274.

[52]丁霄霄,李凤伟,余晓红.响应面法优化复合酶提取灵芝总三萜工艺[J].食品工业,2018,39(08):40-44.

[53]史美荣,李元慈.响应面法优化酶辅助提取沙苑子三萜的工艺及抗氧化活性研究[J].中国农学通报,2017,33(26):25-32.

[54]章慧,张劲松,贾薇,等.超临界CO_2萃取灵芝子实体三萜工艺优化及其与醇提法比较研究[J].食用菌学报,2011,18(03):74-78.

[55]张洁,段继诚,梁振,等.超临界流体萃取-高效液相色谱离线联用分析灵芝中三萜类化合物[J].分析化学,2006(04):447-450.

[56]KIM S H, PARK E J, LEE C R, et al. Geraniol induces cooperative interaction of apoptosis and autophagy to elicit cell death in PC-3 prostate cancer cells[J]. International Journal of Oncology, 2012,40(5):1683-1690.

[57]陈伟,吕闪闪,王璇,等.短柱八角中二萜类成分及其抗炎活性[J].中成药,2019,41(01):97-101.

[58]BI X X, HAN L, QU T, et al. Anti-inflammatory effects, SAR, and action mechanism of monoterpenoids from RadixPaeoniae Alba on LPS-Stimulated RAW 264.7 cells[J]. Molecules, 2017,22(5):715.

[59]吴正中,周国明,谢玉琼.正交试验法提取人参皂苷工艺的研究[J].中国药房,2002(01):18-19.

[60]衣丹,王炜,洪旭光,等.响应面法优化海参蒸煮废液皂苷的提取工艺[J].食品安全质量检测学报,2020,11(24):9528-9532.

[61]林国荣,吴毕莎,苏彩凤.响应面法优化超声提取杏鲍菇皂苷[J].食品工业科技,

2018,39(16):1-5+12.

[62]赵亚东,党斌,杨希娟,等.青海藜麦皂苷超声提取工艺及抗氧化活性[J].食品工业科技,2017,38(19):45-51+62.

[63]杨洁,高凤祥,杨敏,等.藜麦皮总皂苷微波辅助提取工艺及其抗氧化活性研究[J].食品与机械,2017,33(12):148-153+185.

[64]黎海彬.罗汉果皂苷的微波提取(英文)[J].食品科学,2007(03):143-147.

[65]杨端.藜麦麸皮皂苷超临界CO_2萃取工艺优化[J].食品研究与开发,2019,40(20):149-154.

[66]樊红秀,刘婷婷,刘鸿铖,等.超临界萃取人参皂苷及HPLC分析[J].食品科学,2013,34(20):121-126.

[67]余美琼,朱金环,杨金杯,等.复合酶法辅助提取无患子总皂苷的工艺[J].福建师大福清分校学报,2020(02):44-49.

[68]张明春,解军波,张巾英,等.复合酶法提取酸枣仁皂苷的工艺条件优化[J].上海中医药杂志,2008(09):76-78.

[69]董万领,闫晓明,程江华,等.响应面法优化水提菜籽多糖工艺[J].中国油脂,2014,39(04):87-89.

[70]孙平,刘可志,赵丰.枸杞多糖的提取及其残渣处理的研究[J].食品工业,2013,34(01):48-50.

[71]林敏,安红钢,吴冬青.响应面分析法优化超声提取生姜多糖的工艺[J].食品研究与开发,2013,34(10):42-44.

[72]李文谦,茅燕勇.响应面法超声波提取枸杞多糖工艺优化[J].中国酿造,2011(10):122-126.

[73]杨嘉丹,刘婷婷,张闪闪,等.微波辅助提取银耳多糖工艺优化及其流变、凝胶特性[J].食品科学,2019,40(14):289-295.

[74]魏增云,张海容,陈金娥.响应面优化-微波辅助提取吴茱萸多糖工艺[J].食品研究与开发,2016,37(13):40-44.

[75]谢玮,郭宗明,葛胜菊,等.黑松松针多糖的复合酶法提取及其抑菌性研究[J].保鲜与加工,2021,21(03):104-110.

[76]马利华,秦卫东,贺菊萍,等.复合酶法提取生姜多糖[J].食品科学,2008(08):369-371.

第三章　香椿功能性组分研究概况

香椿[*Toonasinensis*（A.Juss.）Roem]，别名椿甜树、椿阳树，又名香椿芽、香椿头，属楝科香椿属多年生木本植物，在我国已有 2300 多年的栽培历史，耐贫瘠、适应性强、分布广泛，在我国 18 个省份 35 个地区均有种植，是我国重要的特产资源。

香椿芽营养价值极高，远高于主要蔬菜品种。据测定，每 100 g 新鲜嫩芽叶中含蛋白质 9.8 g，糖类 7.2 g，脂肪 0.8 g，粗纤维 2.78 g，胡萝卜素 0.93 mg，维生素 $B_1$0.21 mg，维生素 $B_2$0.13 mg，维生素 C56 mg，单宁 399.5 mg，核黄素 0.35 mg，硫胺素 0.59 mg，钙 110 mg，磷 120 mg，铁 3.4 mg，钾 548 mg，镁 32.1 mg，锌 5.7 mg，氮 187 mg、磷 22.4 mg、铜 4.29 mg。香椿芽还含有天门冬氨酸、苏氨酸、丝氨酸、甘氨酸、谷氨酸、丙氨酸、亮氨酸、异亮氨酸、酪氨酸、苯丙氨酸、赖氨酸、精氨酸、组氨酸等十七种氨基酸，特别是人体必需的氨基酸种类丰富、含量高、搭配合理。其中所含谷氨酸和天冬氨酸占氨基酸总量的 42.33%，高于荠菜、蕨菜等野菜。香椿种子含油率为 29.0% ~ 38.5%，香气浓郁，是营养成分较高的食用油。

香椿味苦、性温，药用价值很高，民间有"常食香椿不染病"之说。研究发现，每 100 g 香椿嫩枝叶中含皂苷 2.79 g，生物碱 330 mg，总黄酮 102 mg，粗多糖 640 mg。据文献报道，香椿中含有的甾体皂苷和三萜皂苷具有很高抗癌生物活性，且甾体皂苷元是合成避孕药和激素药物的重要原料之一。总黄酮是一类具有广泛开发前景的天然抗氧化剂，具有消除氧自由基、抗氧化、抗过敏、抗菌等生理活性，且毒性低，同时可作食品、化工品的天然添加剂。生物碱和粗多糖也具有抗肿瘤、抗氧化、抗凝血等药用功效。除此之外，香椿叶中还含有萜类、蒽酮、鞣质等多种非挥发性药用成分以及甾体、挥发油等挥发性成分。因此，经常食用香椿能降低血浆胆固醇中的饱和脂肪酸，预防冠心病、高血压和动脉硬化，能祛痰、健胃、增加食欲，同时还能治咳嗽、腹痛、呕吐、伤风感冒等。

在食品安全与健康问题成为当前国内外日益关注焦点的背景下，香椿的绿色、营养、保健的优点迎合了现代人追求健康饮食时尚的新潮流，深受国人的喜爱，是目前最理想的环保绿色食品之一，具有很大的市场开发潜力。因此，本章节主要对香椿中功能性组分的分类、制备技术及生物活性进行概述，为香椿叶功能性组分的进一步研究及其产品的开发应用提供依据和参考。

第一节　国内外香椿产业发展简述

香椿作为我国重要的特产资源，在国外种植较少，主要集中在我国河南、山东、河北、陕西、安徽等地，并逐渐成为当地特色经济发展的支柱产业，为解决农民就业、经济收入以及区域发展提供了良好的保障。然而,香椿目前的产业化水平还比较低,全面了解香椿产业的发展现状,可以为合理开发利用我国丰富的香椿资源提供依据和技术支撑。

一、规模化栽培水平较低

香椿为我国暖温带及亚热带特有物种,除了新疆、内蒙古外,广泛分布于全国各地。从辽宁南部到华北、西北、西南、华中、华东等地均有栽培,尤以黄河和长江流域之间的山东、安徽、河南、河北等省最多。国内栽培较多的地方品种主要包括有安徽太和香椿、山东香椿、河南焦作香椿和陕西安康香椿等。然而长期以来,我国香椿栽培介于林用木材和蔬菜之间,一直处于零星种植状态,栽培面积不大,多为自然散生、粗放管理、树形杂乱,没有形成大规模的商品性生产,产量低,季节性强,经济效益较低。二十世纪七八十年代以来,多数省份开始用香椿营造防护林、用材林和食用林,香椿的栽培范围不断扩大。并且,在繁殖方式、栽培方式等方面均进行了较大技术变革,从种子繁殖、分株繁殖、插扦繁殖到组培快繁等,研发出适合原始材料稀少的香椿优良品种的繁殖方式。栽培模式上,开始转向集约化、大面积的栽培模式,发展了矮化密植栽培、椿粮间作、水培瓶栽、设施化栽培等低成本、高效益的栽培模式。尤其是从二十世纪八十年代起,国内对香椿矮化密植技术开展了较多研究工作,使菜用香椿技术得到迅速发展,尤其是山东、河北、河南、安徽、江苏、陕西等省发展迅速,特别是日光温室栽培面积迅速扩大,促进了香椿规模化栽培。

二、采后储运保鲜设施落后

尽管香椿在我国有很长的栽培历史,然而其含水量大,呼吸作用旺盛,采收后极易脱叶腐烂和变色走味,很难储藏。加上香椿长期分散的零星种植方式,香椿采后的储藏保鲜技术在很长一段时间内几乎处于空白。随着人们对香椿价值的认识及其栽培规模的增加,香椿采后储藏保鲜研究开始引起人们重视,由开始的平摊法、浸根法、袋装法等较简易的保鲜方式逐步发展成低温储藏、气调储藏、硅氧烷法、保鲜剂法等较专业的香椿储藏方式,以及目前用各种理化方法来减少高温、水分、氧气、光照等外界因素对香椿芽品质影响的较为主流的储藏保鲜手段,在香椿芽的保质、保鲜方面取得了一定的成效。目前尽管部分地区的香椿栽培已经形成一定规模,但大部分地区仍然以小规模种植为主,基层流通环节涉及较多的中、短距离及小批量运输过程,不适宜成本较高的冷藏集装箱车等专业冷链设备的应用,采后香椿难以保持连续的冷藏环境,加上运输过程中造成的挤压碰撞,致使大量香椿芽腐烂。据粗略估计,香椿在储运过程中造成的商品价值损失率达25%左右,不仅造成严重的资源浪费、经济损失和环境污染,在一定程度上也严重制约香椿远销。

三、加工产业化水平不高

与发达国家相比,我国农产品加工技术普遍落后,采后加工产值也非常低,加工产值与采收时自然产值比,美国为3.7∶1、日本为2.2∶1、中国为0.4∶1,几乎均以原始状态投放市场。采后损失也比较大,果蔬损失(美国)2%～5%,我国保守估计为25%～30%,

其果蔬采后损失年约750亿元,差距与潜力巨大,尤其对刚刚兴起的特色农业香椿而言更是如此。首先香椿作为蔬菜食品,目前的加工工艺还比较传统,如腌制品、香椿罐头、香椿酱等,这与目前人们追求绿色、保健的健康饮食格格不入。尽管目前发展的脱水香椿和速冻香椿工艺对健康饮食方面有一定的改善,但也仅仅是停留在对初级产品的加工上,且加工能耗大,产值较低。同时,香椿作为药食同源的植物,其内丰富的黄酮、皂甙、萜类、亚麻酸等活性功能成分,以及蒽醌、鞣质、生物碱等多种药用成分将是香椿深度开发的亮点,然而目前关于香椿药用等深度开发水平较低,技术含量较高的精深加工产品甚少,延伸增值能力和附加值较低,很难创造很好的经济效益。因此,大力发展香椿加工产业不仅可以缓解香椿集中上市的压力,防止供应过剩,而且有利于香椿产业链条的健康可持续发展,同时可以使香椿产后实现减损、转化、增值,对带动农业与农村经济发展、促进农业增效和农民增收、扩大农民就业等均具有重要作用。

四、行业标准缺失

香椿产品的产业链,包括育苗、栽培、采后储运保鲜、加工及流通、销售。随着食品工业发展和香椿栽培规模的壮大,产业化分工越来越细,各种与香椿栽培、管理、采后产业等相关辅助物化产品越发丰富,原始状态或初加工产品投放市场的比例逐渐缩小,次加工产品及深加工制品层出不穷,综合利用技术逐渐提高,产业链条被越拉越长,因此对于产业化的要求也必将提高。提高产业化程度,须标准先行。只有规范了行业标准,才能防止以次充好、保证质量,提高生产率,建立良好市场秩序。

五、科技工作者缺乏

目前香椿产业发展正处于全面升级的攻坚阶段,但其栽培、储藏保鲜等技术知识尚属传统型、经验型,严重制约了香椿产业链的发展,必须依靠科技进步才能有更大的提升。这就要求相关科技工作人员针对目前香椿的发展现状,须研究香椿栽培、储藏、保鲜、加工等过程中的薄弱环节,加强科技攻关技术研究,实现香椿产业化与工业化的对接与互动,促进我国香椿产业的持续快速发展。然而,专门从事香椿研究的科技人员很少,就全国而言,从事香椿研究的主要有河南省农科院农副产品加工研究所、北京工商大学、天津科技大学、西北农林科技大学、华中农业大学等科研院所及大中院校。其中,河南省农科院农副产品加工研究所成立了专门的香椿产业化研究小组,初步建立了香椿从田间到餐桌的标准化栽培、产地减损、储藏保鲜及综合加工等高值化配套设施技术服务体系,以期推动小作物向大产业的发展。

第二节 主要功能性组分分类

香椿在我国虽然作为一种重要的中药材,但对其功能组分研究较少,直到近十几年来,才开展了香椿功能性组分的研究。近年来随着人们对香椿化学成分研究的不断深入,目前已报道从香椿叶中分离鉴定出100多种化合物,对香椿化合物种类研究的较多的主要为黄酮类、酚类、萜类、生物碱类、苯丙素类等化合物,此外,从香椿中鉴定分离出来的还有香豆素类、木脂素类、皂苷类、甾醇类、粗多糖类等其他类化合物。研究香椿叶功能性组分的提取及其生物活性,对香椿功能性产品的开发应用,以及香椿资源的高附加值利用有重要的现实意义。

一、黄酮类化合物

香椿叶中的黄酮类成分主要以苷的形式存在,目前,从香椿的各个部位中分离到20多种黄酮类化合物。苗修港等以香椿叶提取物为原料,采用 NKA-9 大孔树脂纯化香椿叶黄酮类物质,得到芦丁、金丝桃苷、异槲皮苷、槲皮苷、阿福豆苷5种黄酮类单体物质,其中槲皮苷是此香椿叶黄酮类化合物的主要组分,含量是其他4种单体总量的2倍左右。陈伟等采用柱色谱和高效液相色谱对香椿老叶中的黄酮类活性物质进行分离鉴定,结果表明香椿老叶中含有芦丁、表儿茶素、槲皮素、异槲皮素、番石榴苷等物质。张仲平等对香椿叶的黄酮类化合物进行了分离与鉴定,从香椿叶的稀醇提取物中分离出3个黄酮类化合物,经过理化性质和波谱分析,确定3种黄酮类化合物分别为槲皮素-3-O-鼠李糖甙、槲皮素-3-O-葡萄糖甙、槲皮素。李国成等从香椿树皮中分离鉴定了8种化合物,分别为二十碳酸乙酯、正二十六烷醇、β-谷甾醇、槲皮素、槲皮素-3-O-β-D-葡萄糖苷、5,7-二羟基-8-甲氧基黄酮、杨梅素和杨梅苷。罗晓东等采用波谱分析,分离鉴定出香椿叶乙醇提取物中的黄酮有4种,分别是6,7,8,2'-四甲氧基-5,6'-二羟基黄酮、5,7-二羟基-8-甲氧基黄酮、山奈酚和3-羟基-5,6-环氧-7-megastigmen-9-酮。高意等采用超声辅助萃取-高效液相色谱法从香椿叶中分离到7种黄酮类化合物,分别是表儿茶素、儿茶素、没食子酸、芦丁、杨梅素、槲皮素和山奈酚。葛重宇等采用 UPLC 法从香椿芽中同时检测到芦丁(芸香苷)、杨梅苷、金丝桃苷、异槲皮苷、番石榴苷、紫云英苷、槲皮苷和阿福豆苷等8种黄酮醇苷类活性物质。

二、酚类化合物

酚类化合物的家族化合物种类很多,香椿中的酚类化合物主要有黄酮苷类和苷元、没食子酸、没食子鞣质、单体原花青素等成分。孙小祥等采用大孔吸附树脂、硅胶、反相、制备 HPLC 柱等技术从香椿叶60%乙醇提取物中分离得到8种多酚类化合物,经鉴定分别为邻苯二甲酸二丁酯、1,2,3,6-四-O-没食子酸-β-D-吡喃葡萄糖苷、1,2,3,4,6-五-O-没食子酸-β-D-吡喃葡萄糖苷、(-)-表没食子儿茶素没食子酸酯、槲皮素-3-O-β-D-吡喃葡萄糖苷、槲皮素-3-O-α-L-吡喃阿拉伯糖苷、山奈酚-3-O-β-D-吡喃葡萄糖苷、槲皮素-3-O-β-D-吡喃半乳糖苷。赵艳霞等以香椿老叶为原料,经提取后对提取物的黄酮和皂苷含量进行测定,并用 HPLC 法对黄酮的种类做了初步鉴定,结果表明,香椿老叶中有3种黄酮类物质和1种酚酸类物质,4种化合物的百分含量分别为:芦丁(1.55%±0.01%)、槲皮素(2.27%±0.05%)、山奈酚(1.31%±0.01%)、没食子酸(0.87%±0.02%)。Yang 等通过硅胶柱层析,制备高效液相色谱,用核磁共振以及质谱分析得到了5种黄酮和3种没食子酸衍生物,分别为槲皮素、山奈酚-3-O-α-L-鼠李糖苷、黄芪甲素、槲皮素、山奈酚、没食子酸甲酯、没食子酸乙酯和1,2,3,4,6-五-O-没食子酸-β-D-吡喃葡萄糖。

三、萜类化合物

香椿叶中含有大量的萜类物质,包括三萜类(甘遂烷型、柠檬苦素类、norlimonoids)、二萜类以及倍半萜烯类化合物,其中主要为三萜类化合物,目前已经从香椿的根、树皮、叶等部位分离到 90 多种三萜类化合物。Yang 等从香椿叶中提取到桦木酮酸、乌索酸和白桦脂酸等三萜类化合物;Luo 等从香椿叶中提取到 6-Acetoxyobacunol acetate 和 7α-Acetoxy-dihydronomilin 两种三萜类化合物;Mitsuik 等从香椿叶中提取出 11β-Hydroxy-7α-obacunylacetate 和 11β-Oxocneorin G 等 6 种三萜类化合物。目前对倍半萜和二萜类化合物的研究还不够透彻,各学者研究分离出的结果不尽相同,赵胡等对香椿萜类香气化合物分析研究发现了 19 种半萜类化合物,主要有 β-石竹烯、α-芹子烯、石竹烯氧化物、α-可巴烯和石竹烯氧化物等。顾芹英对国内外学者研究结果进行总结,提出了倍半萜和二萜类化合物总共有 4 种,常见的主要有 2,6,10,15~植酸-四烯-14~醇、双烯酮-4(15)-烯-1α,6β-二元醇 2 种。Luo 等从香椿叶中也提取到植醇和 2,6,10-phytatyiene-1,14,15~triol 二萜类化合物。胡疆等从香椿叶子中分离得到 8 个萜类成分,分别为 1 个海松二烯型二萜:8β-hydroxypimar-15~en-19-oic acid methyl ester 和 7 个三萜类成分:cedrodorol B,11β-acetoxyobacunol,toonayunnanin D,toonaciliatone D,toonaciliatone A,cedrelone 和 11β-hydroxygedunin。

四、生物碱类化合物

柠檬苦素类(limonoid)生物碱是自然界稀有的一类生物碱,其以 limonoid 为基本母核,C-17 位为内酰胺衍生物。目前,从香椿中已分离得到 8 种 limonoid 型生物碱化合物,分别为 toonasinemine A-G 和 toonasin A-C,其中 toonasinemine A 和 toonasinemine B 为完整的 limonoid 型,其他均为 D 环开环的 limonoid 型。

五、苯丙素类化合物

苯丙素是天然存在的一类苯环与三个直链碳连接(C_6-C_3基团)构成的化合物。一般具有苯酚结构,是酚性物质。这类化合物生物合成路径多数由莽草酸通过苯丙氨酸和酪氨酸等芳香氨基酸,经脱氨、羟基化等一系列反应形成。苯丙素类化合物普遍存在于天然植物中,包括木脂素和香豆素,这些化合物通常具有抗病毒、抗菌、抗炎和抗肿瘤等多种活性。目前,从香椿中分离并鉴定的苯丙素类化合物有 7 种,其中东莨菪亭、异东莨菪素等香豆素类化合物 3 种,Matairesionl、Ficusesquilignans 等木脂素类化合物 4 种。

六、甾体类化合物

甾体类化合物是指基本碳架具有一个"环戊烷并多氢菲"的母核和三个侧链的化合物。根据 C17 链不同,可分为胆酸类、强心苷、甾醇和昆虫变态激素、C21 甾体类、甾体皂苷和甾体生物碱等。甾体化合物是天然产物中最广泛出现的成分之一,几乎所有生物体自身都能生物合成甾体化合物。天然甾体化合物种类很多、结构复杂、数量庞大、生物活性广泛,如甾醇、胆甾酸、甾体激素、强心苷以及甾体皂苷等,是一类重要的天然有机化合物。甾体化合物作为药物为人类的健康做出了特殊的贡献,如治疗过敏性疾病的氢化可的松、避孕药黄体酮、利尿剂螺内酯、合成甾体激素的薯蓣皂甙元、强心作用的地高辛、蟾毒甙等都是甾体化合物。李争玲等从香椿子中发现了β-谷甾醇和豆甾醇;罗晶等从香椿树皮中分离到了7β-羟基谷甾醇、豆甾烷-3,6-二酮、豆甾-4-烯-3-酮、6-羟基豆甾-4-烯-3-酮、豆甾-4-烯-3β,6β-二醇和过氧化麦角甾醇。

七、其他类化合物

Li 等从香椿嫩芽中分离到 3 个含硫化合物(S,S)-γ-glutamyl-(cis-S-1-propenyl) thioglycine、(S,S)-γ-glutamyl-(trans-S-1-propenyl) thioglycine、γ-glutamyl-(cis-S-1-propenyl)-cysteine;罗晶等从香椿树皮 95% 乙醇提取物中分离得到 7-methoxy-2-(3,4-methylenedioxyphenyl) benzofuran-5-carboxylat、铁屎米-6-酮、α-acetylamino-phenylpropyl α-benzoylamino phenylpropionate;侯丽等从香椿子中分到 3,5-二羟基苯乙醚、eudesm-4(15)-ene-1β,6α-diol。除此之外,李国成等从香椿树皮中分离得到二十碳酸乙酯和正二十六烷醇。

第三节　主要功能性组分活性介绍

香椿味苦、性温,药用价值很高,文字记载始见于《唐本草》"叶煮水,可以洗疮、疥、风、疽";《本草补遗》中亦有记述,香椿可"治赤白浊,赤白带,湿气下痢,精华梦遗,燥下湿,去脾胃陈积之疾";李时珍在《本草纲目》中记其:香椿"嫩芽瀹食,消风祛毒"。中药大辞典中也注有"它能'解毒',可治疗疽、漆疮等",我国民间常有"食用香椿,不染杂病"的说法。现代药理研究也表明,香椿叶具有抗氧化、抗菌、抗炎、抗肿瘤、抗病毒、抑制痛风、降血糖、降血脂等多种功能活性。

一、抗氧化活性

生物体与外界接触,参与有氧呼吸会产生自由基,正常情况下过量的自由基会被机体的抗氧化系统所清除,但当自由基远远超出机体抗氧化系统所能承受的最大限度,就会使机体致病。研究表明,癌症、衰老或其他疾病大都与过量自由基的产生有关。天然药物中存在多种活性成分,它们具有抗氧化活性,通过抑制过氧化反应、清除自由基,可以帮助人体减少氧化损伤。李光辉等发现香椿老叶黄酮在体外具有较好的抗氧化活性,对·OH、DPPH·和 ABTS 等自由基清除效果较好。王昌禄等研究表明,在试验浓度范围内,香椿叶黄酮对 DPPH·的最大清除率为 93.15%,高于相同浓度的2,4-二叔丁基甲基苯酚(BHT),表明香椿叶黄酮具有较强的抗氧化活性,是一种较好的抗氧化功能食品原料。赵二劳等研究发现香椿叶提取物具有较强的抗氧化活性,清除 DPPH·和·OH 的能力与其多酚含量呈量效关系,对 DPPH·和·OH 的半清除率 IC_{50} 分别为 34.87μg/mL 和16.07μg/mL。李凤玉等以果蝇为实验模型研究香椿叶醇提取物对果蝇寿命及抗氧化的影响,结果表明饲喂香椿叶醇提取物的雌雄果蝇平均寿命、半数死亡时间和最高寿命均延长,果蝇体内蛋白质含量和 SOD 活性提高,MDA 含量降低,表明香椿叶醇提取物具有明显的抗氧化和延缓衰老的作用。Yu 等通过腹腔注射过氧化氢(H_2O_2)成功建立了具有氧化应激作用的 SD 大鼠模型,通过喂食不同的香椿叶提取物(TSL)进行体内抗氧化评价。结果显示 TSL6 通过提高 SD 大鼠肝脏过

61

氧化氢酶、铜/锌超氧化物歧化酶、谷胱甘肽过氧化物酶、谷胱甘肽还原酶和谷胱甘肽 S 转移酶的活性,表现出较好的抗氧化作用。

二、降血糖活性

糖尿病的发生与高碳水化合物/高脂肪饮食引起的氧化应激有关。目前越来越多的研究发现,香椿提取物具有潜在的降血糖作用,对治疗糖尿病具有潜在的疗效。李丽华等研究香椿叶黄酮对早期糖尿病肾病大鼠血糖值及血清中 SOD、MDA 水平的影响,得到香椿叶黄酮能降低早期糖尿病肾病大鼠的血糖值,提高 SOD 活力,降低 MDA 水平,表明香椿叶黄酮具有降血糖作用,并对早期糖尿病引起的氧化应激损伤具有一定保护作用。任美萍等采用腹腔注射四氧嘧啶建立糖尿病小鼠模型,研究香椿叶总黄酮对糖尿病小鼠与正常小鼠血糖的影响时发现,灌胃香椿叶黄酮高剂量组(0.12 g/kg)糖尿病小鼠的血糖下降 16.05%,与未灌胃香椿叶黄酮小鼠模型组比较,差异有统计学意义($P<0.05$),表明 0.12 g/kg 香椿叶总黄酮对四氧嘧啶所致的糖尿病小鼠具有降血糖作用。Liu 等发现 95% 的香椿叶乙醇提取物通过激活骨骼肌 AMPK 信号通路,促进脂肪组织中 PPAR-γ 受体和正常的脂联素基因表达,从而改善胰岛素的抗药性。Zhang 等研究发现香椿叶提取物通过显著减少氧化应激水平,抑制糖尿病小鼠肝组织中的 p65/NF-kappa B 和 ERK1/2/MAPK 通路的激活,以及 caspase-9 和 caspase-3 在肝脏中的表达,减少小鼠肝细胞的损伤,可作为一种潜在的膳食添加剂。

三、抗肿瘤活性

抗肿瘤活性是香椿的重要药理活性之一,国内外学者研究发现香椿提取物具有抑制肿瘤细胞生长的作用,通过诱导癌细胞凋亡达到抗癌的效果。动物机体在受到外界致癌因子诱导之后,会引起机体代谢紊乱,产生大量的自由基,自由基是引起癌症的罪魁祸首。另外,脂质过氧化是维持机体生理生化反应和免疫反应的基础,如果脂质过氧化产物不能被及时地代谢,同样也会使得新陈代谢紊乱和免疫机能下降,氧自由基连锁反应加强,引起细胞突变和致癌。陈玉丽等采用四甲基偶氮唑盐(MTT 法)比色法,发现香椿叶提取物的各萃取部位在体外对人胃腺癌 SGC-7901 细胞和白血病细胞 K562 均有明显的抑制作用。Yang 等研究发现,将香椿提取物加入到 H441、H520、H661 这 3 种不同的非小细胞肺癌细胞系中,可导致细胞在 subG1 期停止生长,并引起细胞凋亡,可以作为一种潜在的抗癌药物。随后又从香椿中分离出 15 种化合物,其中桦木酮酸和 3~氧代-12-烯-28-油酸可以抑制 MGC-803(IC_{50}分别为 17.7 μg/mL 和 13.6 μg/mL)和 PC3 细胞(IC_{50}分别为 26.5 μg/mL 和 21.9 μg/mL)的增殖。Zhang 等研究表明香椿叶中的槲皮素通过增强人结肠癌 SW620 细胞的氧化应激水平,抑制结肠癌细胞生长,促进细胞凋亡。Chen 等研究表明香椿叶水提物(TSL-1)通过抑制 JAK2/stat3、Akt、MEK/ERK 和 Mtor/HIF-2 通路的磷酸化水平,抑制肾癌细胞生长和迁移,并伴随着多种致癌途径的失活。此外,香椿提取物在抑制肺癌、宫颈癌、卵巢癌、前列腺癌以及口腔癌等方面也都有全面的研究,这也为抗肿瘤药物的研究提供了一条新的思路。

四、抗菌活性

陈元坤等的体外抑菌试验表明香椿皮水煎液及乙醇处理后的水煎液对大肠杆菌"C83902"、沙门氏菌C500、葡萄球菌"CAU0183"的最小抑菌浓度为0.125 g/mL,对大肠杆菌"K88"分离株的最小抑菌浓度为0.25 g/mL。禄文林等从香椿老叶中提取到三萜皂苷和甾体皂苷,发现香椿皂苷在浓度为1.0 mg/mL时对大肠杆菌、变形杆菌、产气杆菌都具有较好的抑菌作用。欧阳杰等发现香椿嫩芽萃取物的抗菌活性明显高于老叶萃取物,其中嫩芽萃取物的乙酸乙酯部分表现出最强的抗菌活性,最小抑菌浓度为1.3 mg/mL,还发现香椿叶中的抑菌物质随着生长时间的延长而逐渐降低。田迪英等证明了香椿浸出汁对细菌有较强的抑制作用,而对真菌几乎无抑制作用。杜银香采用牛津杯和琼脂稀释法对香椿嫩芽的抑菌作用进行研究,发现新鲜香椿嫩芽水提液对大肠埃希菌、产气肠杆菌、铜绿假单胞菌、金黄色葡萄球菌、表皮葡萄球菌、白假丝酵母菌抑菌圈具有一定的抑菌作用。这些研究均为香椿提取物在抗菌方面的应用提供了部分理论依据。

五、抑制痛风活性

痛风是一种由单钠尿酸盐沉积所致的晶体相关性关节病,与嘌呤代谢紊乱或尿酸排泄减少所致的高尿酸血症直接相关,其中黄嘌呤氧化酶(XO)和环氧合酶-2(COX-2)作为关键酶,是形成痛风和高尿酸血症的重要因素。李贞景等从香椿叶中分离得到香椿叶总黄酮提取物(TFTL),在体外能够抑制XO的活性,且呈剂量依赖关系,其IC_{50}为56.91 μg/mL;在体内,中、高剂量(100、200 mg/kg)的TFTL能够极显著地降低高尿酸血症小鼠的血清尿酸水平($P<0.001$),使其恢复至正常小鼠水平($P>0.5$)。Yuk等从香椿叶中分离得到的1,2,3,4,6-O五没食子酰葡萄糖对XO的半数抑制浓度为2.8 μg/mL,这与临床上用于治疗高尿酸血症的别嘌呤醇的半数抑制浓度相当;动力学分析显示该化合物是XO的一种可逆的非竞争性抑制剂。此外,在体内采用300 mg/kg香椿叶的提取物剂量或者40 mg/kg的1,2,3,4,6-O五没食子酰葡萄糖作用于草酸钾高尿酸血症大鼠,能够显著降低其血清尿酸水平。王昌禄等发现香椿提取物对XO有显著抑制功效,其IC_{50}为151.6 μg/mL;香椿提取物对COX-2也有明显的抑制作用,其IC_{50}为2.66 μg/mL,效果优于阳性对照。这些结果均为进一步研究开发香椿叶抗痛风双靶点药品奠定了基础。

六、抗炎活性

炎症主要是由炎性细胞因子和促炎性细胞因子调控,而抗炎细胞因子的作用是促进机体快速恢复,维持机体稳定。近年来越来越多的研究发现香椿提取物在预防和治疗炎症性疾病方面发挥着重要的作用。李红月等以大鼠心肌缺血再灌注损伤模型为研究对象,发现香椿子总多酚低、中、高剂量组与模型组相比,血清IL-6含量均显著下降,血清TNF-α水平也显著降低。与模型组相比,香椿子总多酚给药组大鼠NF-κBp65/β-actin显著降低,香椿子总多酚给药组大鼠心肌细胞的形态学损伤较轻。表明香椿子总多酚能够减轻大鼠心肌缺血再灌注急性炎症,对其产生一定的保护作用。阮志鹏等发现香椿叶水提取物对二甲苯和角叉菜诱导的小鼠耳郭肿胀和大鼠足肿胀,可以通过抑制炎性介质的释放和减少一氧化碳的生成从而缓解症状,其作用可能与降低足组织中 NO 和 PGE2 的量有关。杨艳丽等发现香椿子总多酚能够减轻佐剂型关节炎大鼠有的足趾肿胀度、降低脾脏指数和胸腺指数,改善踝关节病理组织形态,对佐剂型关节炎大鼠具有一定的治疗作用。由此可见,香椿提取物可作为一种潜在的抗炎药物的理想来源。

七、降血脂活性

张京芳等探讨了香椿叶提取物对高脂血症小鼠脂质代谢的调节作用及抗氧化功能,通过建立高脂饲料喂养雄性小鼠建立起高脂血症模型。实验结果表明香椿叶提取物能显著降低高脂血症小鼠血清总胆固醇、甘油三酯、低密度脂蛋白胆固醇水平,升高高密度脂蛋白胆固醇的浓度;试验还发现香椿叶提取物能降低小鼠肝指数和肝脏总胆固醇及甘油三酯含量,提高血清总抗氧化力水平,改善血清和肝脏超氧化物歧化酶及血清谷胱甘肽过氧化物酶的活性,从而得出了香椿叶提取物具有调节脂质代谢和增强抗氧化功能的作用,可减少高脂膳食导致的氧化损伤的结论。

八、抗病毒活性

目前,香椿叶提取物的抗病毒活性已引起研究人员的重视。2008 年,Chen 等发现香椿叶提取物在体外对 SARS-CoV 病毒具有抑制作用,其 IC_{50} 值为 30 μg/mL;2013 年,You 等研究发现香椿叶水提取物具有抗 H1N1 病毒作用,EC_{50} 值为 20.4 μg/mL。其提取物能抑制病毒在感染的 A549 细胞中基因荷载,下调 H1N1 病毒感染后 A549 细胞对黏附分子和趋化因子的表达,可作为 H1N1 病毒的替代治疗和预防方案。

九、其他活性

除了以上的生物活性,香椿叶提取物还具有分解脂肪、保肝、抗血管生成和改善生殖系统功能等活性。Liu 等研究发现香椿叶提取物可通过上调脂肪细胞内促进分解和脂肪酸氧化相关的调控基因来抑制脂肪的积累。Truong 等发现香椿叶提取物槲皮甙能够稀释对乙酰氨基酚对 HepG 2 细胞和小鼠的急性肝毒性。Hseu 等研究香椿叶提取物(50~100 g/mL) 显著抑制鸡胚绒毛尿囊膜血管生成,在体外实验表明香椿叶提取物能够抑制由 VEGF 诱导 EA.hy 926 和 HUVECs 细胞的增殖、迁移和微管形成,阻滞 EA.hy 926 细胞停在 G0 /G1 期。Song 等发现香椿提取物能降低人绒毛膜促性腺激素诱导的小鼠睾丸间质细胞睾酮的产生,还能抑制 dbcAMP 诱导睾酮的产生。香椿叶提取物能改善氧化压力下雄性小鼠精子质量和睾丸功能,这与其抗氧化作用有关。

第四节　功能性组分提取技术介绍

植物成分的提取技术有很多,选择合适的提取技术不仅可以保证所需成分被提取出来,还可以尽量避免其他杂质的干扰,简化后续的分离工作。由于香椿属植物中化合物种类与数量丰富,在具体研究中需要根据各成分在溶剂中的溶解性质,选用合适溶剂与提取方法,将目标组分从植物组织中最大限度溶解出来。

一、溶剂提取技术

溶剂提取法是一种常规的功能性成分提取技术,它是依据相似相溶原理,选用对目标功能成分溶解度大而对其他成分溶解度小的溶剂,尽可能多地将目标功能成分溶解分离出来。蔡定建等研究香椿芽中总黄酮的热水浸提工艺,通过正交试验优化的最佳工艺条件:提取剂采用硼砂浓度0.5%的水溶液,浸提温度60 ℃、料液比(g/mL)1∶40、浸提时间30 min。杜惠蓉等利用甲醇加热回流提取香椿叶中黄酮,正交试验法优化的最佳工艺:提取溶剂70%甲醇、料液比(g/mL)1∶30、回流1 h。此工艺条件下,香椿总黄酮提取率为6.67%。黄红英等研究香椿叶中黄酮的乙醇浸提,最佳浸提工艺:提取溶剂为70%乙醇、料液比(g/mL)1∶50、浸取温度70 ℃、浸取时间2 h,香椿黄酮提取率为5.84%。刘常金等优化的香椿叶黄酮最佳提取工艺:提取溶剂采用60%乙醇、料液比(g/mL)1∶30、提取温度60 ℃、提取时间60 min。该工艺条件下,总黄酮提取率可达6.63%。另外,其他研究者开展香椿叶黄酮的乙醇提取试验,也得到类似的提取工艺。溶剂提取香椿叶黄酮具有设备简单、操作简单、成本低、产量较高等优点,但也存在提取时间长、溶剂用量大等问题。

二、微波提取技术

微波提取技术是利用物质吸收微波辐射电磁波的能力不同,物质被选择性加热,使物质细胞内瞬间产生高温高压,导致细胞壁破裂,减少传质阻力,促使有效成分快速溶出。孟志芬等以总黄酮含量为指标,微波提取香椿叶中总黄酮,最佳工艺条件:提取溶剂50%乙醇,料液比(g/mL)1∶40,微波时间9 min,功率500 W,总黄酮得率为4.285%。杜惠蓉等采用微波辅助提取香椿叶中黄酮成分,最佳提取工艺条件:提取溶剂50%甲醇,微波频率700 W,料液比(g/mL)1∶25,回流25 min,黄酮提取收率5.34%。李秀信等利用微波辅助提取香椿多糖,正交试验优化的最佳提取工艺条件:微波功率350 W,微波时间5 min,液料比(mL/g)25∶1,提取次数3,采用此条件多糖的得率达8.545%。陈玉丽等采用微波萃取法优化香椿叶总生物碱提取条件,结果表明香椿叶总生物碱的最佳提取条件:微波功率50 W,提取溶剂70%乙醇,料液比(g/mL)1∶45,提取时间55 min,其中微波功率对萃取影响较大。综上所述,微波提取技术操作简便、选择性好、提取时间短、提取率高,是一种良好的天然产物提取技术,具有较好的推广使用价值。

三、超声法提取技术

超声波提取技术的原理是利用超声波的强烈空化、机械和热效应,破坏原料细胞壁,增强溶剂穿透力,促使有效成分溶出,实现有效成分高效提取的技术。与常规提取法相比,超声波提取技术具有提取时间短、提取温度低、产率高、节约能源、提取率高等优点。陈丛瑾等以香椿叶黄酮提取量为主,以清除DPPH的IC_{50}值为次参考指标,所得超声条件:料液比(g/mL)1∶10,70%乙醇,50 ℃下超声提取4次,每次60 min。宋怡伟等超声波辅助乙醇提取香椿叶中总黄酮,结果表明:液料比(mL/mg)41∶1、超声时间36 min、65%乙醇条件下香椿叶总黄酮得率为(38.96±0.049) mg/g,与理论值38.59 mg/g接近。

蔡春芳等研究九月份香椿叶黄酮超声辅助提取,并考察料液比(g/mL)、超声功率、超声时间、超声温度、乙醇体积分数等因素对黄酮提取的影响,通过正交试验优化的最佳提取工艺:提取剂60%乙醇、料液比(g/mL)1:25、超声功率200 W、超声温度50 ℃、超声时间50 min。在此工艺条件下,黄酮提取率达5.788%。李光辉等通过响应面优化的香椿老叶黄酮提取最佳工艺:提取剂40%乙醇、料液比(g/mL)1:20、超声功率480 W、提取温度50 ℃、提取时间37.61 min。在此工艺条件下,黄酮提取率为3.051%。徐强等采用超声法提取香椿老叶中多糖,结果表明,香椿叶多糖超声提取最优工艺条件为超声时间45 min、超声功率240 W、温度60 ℃,此条件下香椿老叶多糖提取率为5.49%,该工艺较一般传统工艺香椿老叶粗多糖提取率有所提高。

四、超临界提取技术

超临界流体萃取技术是建立在该流体在临界点附近温度和压力对流体溶解能力改变的基础上应用于提取方面,克服了常规溶剂提取能耗大、溶剂残留等问题。陈丛瑾等采用超临界 CO_2 技术萃取香椿叶总黄酮,结果表明在原料50 g,分离室Ⅰ温度35 ℃、压力7 MPa;分离室Ⅱ温度35 ℃、压力与储罐平衡条件下,超临界 CO_2 萃取香椿叶中总黄酮的最佳工艺条件为:萃取压力30 MPa,萃取时间2.5 h,萃取温度45 ℃,夹带剂用量为3 mL/g原料, CO_2 流量35 L/h,提取5次,前2次用无水乙醇、后3次为85%乙醇。本技术具有萃取和分离合二为一,压力和温度可调,萃取温度低,无溶剂残留,流体极性可变,生产效率高等优点,较为适合高附加值成分提取,但设备投资大,提取成本高。

五、酶法辅助提取技术

酶法就是利用酶反应高度专一性的特点,分解香椿叶细胞壁及细胞间质中的纤维素,减少其对功能成分的传质阻力,加快其溶出,提高功能成分提取率。刘智峰采用酶法-超声波辅助提取香椿叶总黄酮,优化的最佳工艺条件:料液比(g/mL)1:30、70%乙醇、纤维素酶用量8 mg/g、pH值为5.6、超声功率220 W、酶解温度60 ℃、超声温度60 ℃、提取时间40 min。此工艺条件下,香椿总黄酮提取率达33.166%。李秀信等研究表面活性剂-微波提取香椿叶黄酮,确定的最优工艺条件:提取剂采用加入质量分数0.80%表面活性剂Tween 20的水溶液、料液比(g/mL)1:20、微波功率180 W、提取时间8 min。在此工艺条件下黄酮得率高达42.98%。与传统水浴提取相比,提取时间由120 min减少到8 min,黄酮提取得率从20.38%增加到42.98%;与微波提取相比,黄酮提取得率从28.20%增加到42.98%。刘玉梅等采用复合酶协同超声波法提取香椿老叶中总黄酮,先利用复合酶水解香椿老叶中的纤维素和果胶,得最佳酶解条件为果胶酶:纤维素酶=2:1,酶用量为2.00%(w/V),酶解时间40 min,酶解温度45 ℃,上清液中总黄酮得率为2.49%。接着进行超声辅助提取,得最佳提取工艺:60%乙醇、超声功率227 W、提取温度53.00 ℃、提取时间51 min,此条件下香椿老叶总黄酮得率为3.85%。酶法操作简单,提取温度低,有利于保证功能组分活性,但也存在提取成本高、酶的使用条件较苛刻等问题。

六、其他协同提取技术

鉴于天然植物所含成分的复杂性,一种提取方法往往达不到预期的目的,所以需要采用多种技术,协同提取植物原料中的有效成分,实现方法优势互补,有利于提高提取效率。李秀信等研究香椿叶黄酮的表面活性剂-微波协同提取,优化的工艺条件:在料液比(g/mL)1∶20、90 ℃水预煮10 min后,加入0.8%椰子油脂肪酸二乙醇酰胺溶液,微波功率180 W下提取10 min,提取5次,黄酮提取率达到98.7%。岳少云等采用一系列多元醇类低共熔溶剂-超声辅助提取香椿籽总黄酮,结果表明最佳提取工艺条件:摩尔比1∶3,固液比(mg/mL)1∶50,含水量30%,时间35 min,且氯化胆碱-1,2~丙二醇低共熔溶剂对香椿籽总黄酮的提取率明显优于传统溶剂($P<0.01$)。陈丛瑾等建立了香椿油及总黄酮的超临界-微波联合提取工艺,超临界CO_2萃取香椿油前处理,再通过正交实验考察了微波法提取香椿芽总黄酮过程中各参数对提取率的影响,优化后得到的最佳条件:提取温度70 ℃,50%乙醇用量为12 mL/g香椿芽,提取时间15 min,提取3~4次。在该条件下,每克香椿芽可提取总黄酮65.11~72.93 mg。

综上所述,采用不同的提取及前处理方法得到的香椿植物提取物的化学成分含量及组成存在差异,在实际生产应用中,可根据目标产物的不同,采用不同的提取方法对香椿中的特定成分进行选择性提取,以利于进一步的分离纯化等工作。

参考文献

[1]陈刚,杨玉珍,马晓.香椿化学成分与保健功能研究进展[J].北方园艺,2013(20):189-192.
[2]陈丛瑾,刘雄民,黎跃.香椿叶化学成分研究进展[J].广西林业科学,2010,39(04):231-234.
[3]王赵改,杨慧.香椿产业的现状及发展趋势[J].农产品加工,2013(07):8-10.
[4]苗修港,余翔,张贝贝,等.NKA-9大孔树脂纯化香椿叶黄酮类物质工艺优化[J].食品科学,2016,37(08):32-38.
[5]陈伟,李晨晨,冉浩,等.香椿老叶中黄酮类和皂苷类物质的分离鉴定[J].包装工程,2019,40(09):36-42.
[6]张仲平,牛超,孙英,等.香椿叶黄酮类成分的分离与鉴定[J].中药材,2001(10):725-726.
[7]李国成,余晓霞,廖日房,等.香椿树皮的化学成分分析[J].中国医院药学杂志,2006(08):949-952.
[8]罗晓东,吴少华,马云保,等.椿叶的化学成分研究[J].中草药,2001(05):8-9.
[9]高意,周光明,张彩虹,等.HPLC测定香椿中的有机酸和黄酮等7种活性成分[J].四川大学学报(自然科学版),2017,54(05):1039-1044.
[10]葛重宇,林玲,顾芹英,等.UPLC法同时测定香椿芽中8种黄酮醇苷[J].中成药,2017,39(09):1873-1876.
[11]孙小祥,杨娅娅,盛玉青,等.香椿叶中多酚类成分的研究[J].中成药,2016,38(09):1974-1977.
[12]赵艳霞,刘常金,宛红颖.香椿老叶中黄酮与皂苷的含量测定[J].食品研究与开发,2016,37(21):137-141.
[13]YANG H, GU Q, GAO T, et al. Flavonols and derivatives of gallic acid from young leav-

es of Toona sinensis (A. Juss.) Roemer and evaluation of their anti-oxidant capacity by chemical methods[J]. Pharmacognosy Magazine, 10, 38 (2014-04-17), 2014, 10 (38):185.

[14] YANG S, QI Z, XIANG H, et al. Antiproliferative activity and apoptosis-inducing mechanism of constituents from Toona sinensis on human cancer cells[J]. Cancer Cell International, 2013, 13(1):12.

[15] LUO X D, WU S H, MA Y B, et al. Limonoids and phytol derivatives from Cedrela sinensis[J]. Fitoterapia, 2000, 71(5):492-496.

[16] MITSUI K, MAEJIMA M, FUKAYA H, et al. Limonoids from Cedrela sinensis[J]. Phytochemistry, 2005, 65(18):3075-3081.

[17] 赵胡,唐开静,范小莹,等.'黑油椿'香椿嫩芽高通量转录组测序及萜类代谢物质初步分析[J].园艺学报,2017,44(11):2135-2149.

[18] 顾芹英.中药香椿叶化学成分的分离与分析[D].江苏大学,2016.

[19] LUO X D, WU S H, MA Y B, et al. Studies on chemical constituents of Toona sinensis [J]. Chinese Traditional & Herbal Drugs, 2001, 32(32):511-514.

[20] 胡疆,李佳勋,李强,等.香椿中萜类化学成分研究[J].中国中药杂志,2020,45(18):4411-4415.

[21] 李争玲,王旭波,冉顶诗,等.香玲子的化学成分研究[J].中国药房,2013,24(27):2540-2541.

[22] 罗晶,伍振峰,万娜,等.香椿树皮的亲脂性成分研究[J].中国药科大学学报,2016,47(06):683-687.

[23] LI J X, EIDMAN KIRK, GAN X W, et al. Identification of (S,S)-γ-Glutamyl-(cis-S-1-propenyl)thioglycine, a Naturally Occurring Norcysteine Derivative, from the Chinese Vegetable Toona sinensis[J]. Journal of Agricultural and Food Chemistry, 2013, 61 (31):7470-7476.

[24] 侯丽,付艳辉,唐贵华,等.香椿子的化学成分研究[J].云南中医学院学报,2011,34(06):21-23+27.

[25] 李光辉,孙思胜,王德国,等.香椿老叶黄酮的响应面优化提取及其抗氧化研究[J].许昌学院学报,2018,37(06):45-49.

[26] 王昌禄,江慎华,陈志强,等.香椿老叶总黄酮提取工艺及其抗氧化活性的研究[J].北京林业大学学报,2008(04):28-33.

[27] 赵二劳,冯冬艳,武宇芳,等.香椿叶提取物抗氧化及抑菌活性研究[J].河南工业大学学报(自然科学版),2013,34(06):69-72.

[28] 李凤玉,高鹮铭,肖祥希,等.香椿叶醇提取物对果蝇寿命及抗氧化作用的影响[J].福建师范大学学报(自然科学版),2017,33(04):59-64.

[29] YU W J, CHANG C C, KUO T F, et al. Toona sinensis Roem leaf extracts improve antioxidant activity in the liver of rats under oxidative stress[J]. Food & Chemical Toxicology, 2012, 50(6):1860-1865.

[30]李丽华,赵志刚,喻丽珍.香椿叶总黄酮对早期糖尿病肾病大鼠血糖值及血清中SOD、MDA 水平的影响[J].赤峰学院学报(自然科学版),2012,28(12):43-44.

[31]任美萍,李春红,李蓉.香椿总黄酮对糖尿病小鼠及正常小鼠血糖的影响[J].泸州医学院学报,2012,35(03):261-262.

[32]LIU H W, HUANG W C, YU W J,et al. Toona Sinensis ameliorates insulin resistance via AMPK and PPARγ pathways[J]. Food & Function, 2015, 6(6):1855-1864.

[33]ZHANG Y L, DONG H H, WANG M M , et al. Quercetin Isolated from Toona sinensis Leaves Attenuates Hyperglycemia and Protects Hepatocytes in High-Carbohydrate/ High-Fat Diet and Alloxan Induced Experimental Diabetic Mice[J]. Journal of Diabetes Research,2016,2016:8492780.

[34]陈玉丽,阮志鹏,林丽珊,等.香椿叶提取物的体外抗肿瘤活性[J].福建中医药大学学报,2011,21(02):30-32.

[35]YANG C J, HUANG Y J, WANG C Y, et al. Antiproliferative effect of Toona sinensis leaf extract on non-small-cell lung cancer.[J].Translational Research the Journal of Laboratory & Clinical Medicine, 2010, 155(6):305-314.

[36]ZHANG Y, GUO Y, WANG M, et al. Quercetrin from Toona sinensis leaves induces cell cycle arrest and apoptosis via enhancement of oxidative stress in human colorectal cancer SW620 cells[J]. Oncology reports, 2017.

[37]CHEN Y C, CHIEN L H, HUANG B M, et al. Aqueous Extracts of Toona sinensis Leaves Inhibit Renal Carcinoma Cell Growth and Migration Through JAK2/stat3, Akt, MEK/ERK, and mTOR/HIF-2α Pathways[J]. Nutrition & Cancer, 2016:654-666.

[38]陈元坤,欧红萍,房春林,等.香椿皮及臭椿皮体外抑菌活性测定[J].四川畜牧兽医,2011,38(05):27-28.

[39]禄文林,李秀信.香椿皂苷的提取及抑菌活性的研究[J].内蒙古农业大学学报(自然科学版),2008(01):227-229.

[40]欧阳杰,武彦文,卢晓蕊.香椿嫩芽和老叶萃取物抗菌活性的比较研究(英文)[J].天然产物研究与开发,2008(03):427-430.

[41]田迪英 ,杨荣华.香椿的抗菌作用研究[J].食品工业科技,2002(11):21-22.

[42]杜银香.香椿嫩芽水提取液体外抑菌试验研究[J].中国民族民间医药,2016,25(05):1-2.

[43]李贞景.香椿叶总黄酮的提取及其降血尿酸的研究[D].天津科技大学,2008.

[44]YUK H, LEE Y S, RYU H, et al. Effects of Toona sinensis Leaf Extract and Its Chemical Constituents on Xanthine Oxidase Activity and Serum Uric Acid Levels in Potassium Oxonate- Induced Hyperuricemic Rats[J]. Molecules, 2018, 23(12):421-423.

[45]王昌禄,李贞景,江慎华,等.香椿叶总黄酮对高尿酸血症小鼠影响研究[J].辽宁中医杂志,2011,38(10):1933-1935.

[46]李红月,陈超.基于炎症反应的香椿子总多酚抗大鼠心肌缺血再灌注损伤的机制研究[J].中国实验方剂学杂志,2012,18(02):187-190.

[47]阮志鹏,陈玉丽,林丽珊.香椿叶水提物对小鼠炎症抑制作用[J].中国公共卫生,2010,26(03):334-335.

[48]张京芳,张强,陆刚,等.香椿叶提取物对高血脂症小鼠脂质代谢的调节作用及抗氧化功能的影响[J].中国食品学报,2007(04):3-7.

[49]CHEN C J, MICHAELIS M, et al. Toona sinensis Roem tender leaf extract inhibits SARS coronavirus replication[J]. Journal of Ethnopharmacology, 2008, 120(1):108-111.

[50]YOU H L, CHEN C J, ENG H L, et al. The Effectiveness and Mechanism of Toona sinensis Extract Inhibit Attachment of Pandemic Influenza A (H1N1) Virus [J]. Evidence-Based Complementray and Alternative Medicine, 2013, (2013-9-2), 2013, 2013(14):479718.

[51]LIU H W, TSAI Y T, CHANG S J. Toona sinensis Leaf Extract Inhibits Lipid Accumulation through Up-regulation of Genes Involved in Lipolysis and Fatty Acid Oxidation in Adipocytes[J]. Journal of Agricultural & Food Chemistry, 2014, 62(25):5887-5896.

[52]TRUONG V L, KO S Y, et al. Quercitrin from Toona sinensis (Juss.) M.Roem. Attenuates Acetaminophen-Induced Acute Liver Toxicity in HepG2 Cells and Mice through Induction of Antioxidant Machinery and Inhibition of Inflammation[J]. Nutrients, 2016, 8(7):431.

[53]HSEU Y C, CHEN S C, LIN W H, et al. Toona sinensis (leaf extracts) inhibit vascular endothelial growth factor (VEGF)-induced angiogenesis in vascular endothelial cells[J]. Journal of Ethnopharmacology, 2011, 134(1):111-121.

[54]SONG L P, LEU S F, HSU H K, et al. Regulatory mechanism of Toona sinensis on mouse leydig cell steroidogenesis[J]. Life ences, 2005, 76(13):1473-1487.

[55]蔡定建,梁晓鹏,徐晶,等.香椿中总黄酮提取工艺的研究[J].中国实验方剂学杂志,2010,16(15):31-33.

[56]杜惠蓉,王辉.香椿叶中黄酮成分提取工艺技术研究[J].应用化工,2015,44(12):2243-2244+2249.

[57]黄红英,邓斌,周芸,等.香椿叶总黄酮提取工艺的研究[J].安徽农业科学,2010,38(11):5879-5881.

[58]刘常金,赵彦丽,宛红颖,等.香椿老叶中总黄酮与总皂苷的提取工艺研究[J].食品科学,2011,32(S1):156-159.

[59]孟志芬,谷永庆,张伟钢.香椿叶总黄酮的微波提取工艺[J].光谱实验室,2008(06):1095-1098.

[60]杜惠蓉.微波辅助提取香椿叶中黄酮成分工艺研究[J].绿色科技,2016(20):120-121.

[61]李秀信,张军华,关红玲,等.微波辅助提取香椿多糖工艺研究[J].食品研究与开发,2013,34(19):39-41+129.

[62]陈玉丽,阮志鹏,林丽珊,等.香椿叶总生物碱的微波萃取工艺优化[J].湖北中医药大学学报,2012,14(05):31-33.

[63]陈丛瑾,黄克瀛,李德良,等.香椿叶总黄酮的超声波辅助提取及其清除 DPPH 自由基能力的研究[J].食品与机械,2007(01):76-80.

[64]宋怡伟,赵志刚,韩成云.响应面法超声辅助提取香椿叶总黄酮及抑菌效果研究[J].食品研究与开发,2019,40(23):153-158.

[65]蔡春芳,庞海霞.超声提取香椿叶中黄酮的工艺优化[J].皮革与化工,2018,35(03):12-16.

[66]陈丛瑾,黄克瀛,李德良,等.超临界 CO_2 萃取香椿叶总黄酮[J].精细化工,2007(08):786-789.

[67]刘智峰.酶法-超声波辅助提取香椿叶中总黄酮及抗氧化活性研究[J].食品工业科技,2015,36(20):314-319+353.

[68]李秀信,张军华,黄以超,等.响应面优化表面活性剂-微波提取香椿黄酮工艺[J].化学工程,2011,39(12):11-16.

[69]刘玉梅,张家俊,吴浪.复合酶协同超声波法提取香椿老叶总黄酮工艺研究[J].现代食品科技,2019,35(11):223-230.

[70]李秀信,张军华.表面活性剂-微波辅助提取香椿黄酮[J].食品与发酵工业,2011,37(01):199-201.

[71]岳少云,金鑫,董新月,等.低共熔溶剂提取香椿籽总黄酮效率的研究[J].阜阳师范学院学报(自然科学版),2020,37(02):67-71.

[72]陈丛瑾,黄克瀛,蒋冬华,等.超临界 CO_2 与微波联用提取香椿芽有效成分[J].精细化工,2008(10):961-965.

第四章 香椿黄酮类组分制备及其活性功能研究

大量科学研究表明,香椿叶富含黄酮类成分,黄酮是其主要的功能成分。黄酮类化合物具有抗氧化、抗肿瘤、抗菌、降血压、降血脂、扩张动脉血管等功能活性,在食品、医药、卫生等领域具有广泛应用前景。因此,研究香椿中黄酮的提取及其生物活性,对香椿黄酮类产品的开发应用,以及香椿资源的高附加值利用有重要的现实意义。

以下主要介绍几种香椿中黄酮类组分的制备技术及其抗氧化能力评价方法,并对不同茬口、不同栽培环境以及不同产地香椿中的总黄酮含量及抗氧化活性进行测定分析,为香椿黄酮的进一步研究及其产品的开发应用提供依据和参考。

第一节 黄酮类组分制备技术

黄酮苷元难溶或不溶于水,易溶于甲醇、乙醇、乙醚、乙酸乙酯等有机溶剂以及稀碱溶液。易溶于水的部分主要由带糖苷键的黄酮苷类及花色苷组成,而溶于乙醇的主要为黄酮苷元(或黄酮醇)类化合物,当分子中引入羟基或糖,极性增大,从而在极性溶液中溶解度相应增大。香椿中黄酮类物质主要以甙的形式存在,故可用于提取分离香椿黄酮类物质的方法较多。本节主要介绍三种香椿黄酮类组分制备技术,包括微波辐射预处理提取技术、超声波辅助提取技术和大孔树脂吸附分离纯化技术。

一、微波辐射预处理技术

微波辐射预处理提取法是近年来发展起来的一种提取活性物质的方法,与以往的微波辅助萃取法不同的是,该法先对干物料进行一定程度的浸润,然后用微波辐射破坏植物细胞结构,再采用传统方法进行提取,这样不仅能够缩短提取时间、降低能耗、节约溶剂、提高产率,而且对提取设备要求低,更易于实现产业化。因此,本试验采用微波辐射预处理技术提取香椿老叶总黄酮,研究浸润时间、微波辐射时间、微波功率和汽化剂用量等对黄酮得率的影响,并采用响应面法优化工艺条件,以期为今后香椿老叶的综合利用、功能成分的深入研究以及大规模提取黄酮制备保健品提供依据,为其他天然植物产物的开发利用提供新思路和技术参考。

(一)提取工艺及含量测定

1.香椿老叶总黄酮的提取

精确称取含水量为 6.4% 的香椿老叶样品 5 g 放入 90 mm 大小的玻璃培养皿中,边搅拌边加蒸馏水,使之湿润均匀,铺平,厚度为 3~5 mm,静置一段时间,使溶液充分渗入细胞组织内。将充分湿透好的样品放入微波波长为 122 mm、功率为 0~700 W 可调的微波炉中进行快速加热预处理,使渗入细胞组织内的水分快速汽化,细胞内部组织结构得到一定程度破坏,以方便后续提取。将预处理好的样品放入烧杯中,加入70%乙醇溶液恒温水浴提取60 min[料液比(g/mL)1:40,温度60 ℃],抽滤除渣,得黄酮提取液,待测。

　　2.香椿老叶总黄酮的测定

　　总黄酮含量测定采用硝酸铝显色法,略有改动。以芦丁作为标准品,于510 nm处测吸光度,以吸光值为纵坐标Y,芦丁质量浓度为横坐标X,绘制标准曲线,得线性回归方程:$Y=10.335X-0.0154$,$R^2=0.9998$。利用标准曲线计算样品总黄酮含量,得香椿老叶总黄酮得率。

$$黄酮得率(\%)=\frac{C\times a\times V}{w}\times100\% \tag{4-1}$$

式中　　C——提取液总黄酮的浓度,mg/mL;

　　　　a——稀释倍数,10;

　　　　V——提取液体积,500 mL;

　　　　w——样品粉末质量,5 g。

(二)单因素试验

　　以香椿老叶总黄酮得率为评价指标,选择浸润时间、微波辐射时间、微波功率和汽化剂用量进行单因素试验,试验设计见表4-1。

表4-1　单因素试验

因素	水平
浸润时间	5、10、20、40、60、80
微波辐射时间	0、30、60、90、120
微波功率	140、280、420、560、700
汽化剂用量	0、2.5、5、7.5

　　1.浸润时间对总黄酮得率的影响

　　由图4-1可知,当浸润时间低于20 min时,随着浸润时间的延长,得率逐渐增加;当浸润时间高于20 min时,随着浸润时间的延长,得率有所下降。因此,选择20 min为最佳浸润时间。

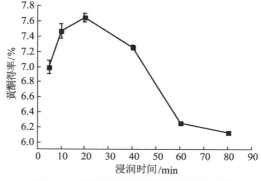

图4-1　浸润时间对总黄酮得率的影响

2.微波辐射时间对总黄酮得率的影响

由图4-2可知,微波辐射时间的长短对黄酮得率的影响比较显著。随着微波辐射时间的延长,黄酮得率逐渐提高,当微波辐射时间达到60 s时,继续延长时间,得率逐渐缓慢下降,故选择60 s为最佳微波辐射时间。

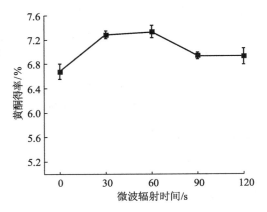

图4-2　微波辐射时间对总黄酮得率的影响

3.微波功率对总黄酮得率的影响

由图4-3可知,微波功率过高或过低均会影响香椿老叶总黄酮的提取得率。当微波功率为420 W时黄酮得率达到最高,而后逐渐趋于平衡略有下降,故选择420 W为最佳微波功率。

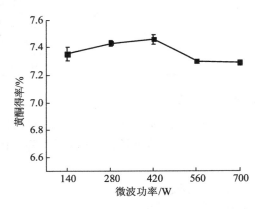

图4-3　微波功率对总黄酮得率的影响

4.汽化剂用量对总黄酮得率的影响

如图4-4所示,随着汽化剂用量的增加,黄酮得率逐渐提高。当汽化剂用量超过2.5 mL时,黄酮得率随汽化剂用量的增加而降低,因此最佳汽化剂用量选择2.5 mL。

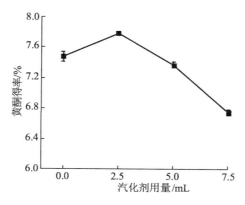

图4-4　汽化剂用量对总黄酮得率的影响

(三)响应面试验

根据单因素试验结果设计因素水平,以浸润时间、微波功率、微波辐射时间和汽化剂用量4个因素为自变量,以总黄酮得率为响应值,进行四因素三水平实验设计,试验因素和水平见表4-2。

表4-2　Box-Behnken试验设计因素水平及编码

因素	编码	水平		
		+1	0	−1
浸润时间/min	A	30	20	10
微波辐射时间/s	B	90	60	30
微波功率/W	C	560	420	280
汽化剂用量/mL	D	5	2.5	0

1.二次响应面回归模型的建立与分析

采用 Design Expert 8.0.5b 软件对表4-3数据进行多元回归拟合分析,得到黄酮得率(Y)与浸润时间(A)、微波辐射时间(B)、微波功率(C)和汽化剂用量(D)4个因素的数学回归模型如下:

$$Y = 7.93 + 0.099 \times A + 0.11 \times B + 0.059 \times C + 0.32 \times D - 0.17 \times AB + 0.050 \times AC - 0.070 \times AD - 0.097 \times BC + 0.052 \times BD - 0.020 \times CD - 0.19 \times A^2 - 0.12 \times B^2 - 0.10 \times C^2 - 0.73 \times D^2$$

响应面试验设计如表4-3所示,共计29组试验,分别按照每组实验设计的工艺条件,测定黄酮得率。

表 4-3　响应面试验设计与结果

编号	A 浸润时间 /min	B 微波辐射时间 /s	C 微波功率 /W	D 汽化剂用量 /mL	黄酮得率
1	10	30	420	2.5	7.06%
2	30	30	420	2.5	7.7%
3	10	90	420	2.5	7.91%
4	30	90	420	2.5	7.86%
5	20	60	280	0	6.66%
6	20	60	560	0	6.79%
7	20	60	280	5	7.48%
8	20	60	560	5	7.53%
9	10	60	420	0	6.58%
10	30	60	420	0	6.77%
11	10	60	420	5	7.32%
12	30	60	420	5	7.23%
13	20	30	280	2.5	7.49%
14	20	90	280	2.5	7.79%
15	20	30	560	2.5	7.76%
16	20	90	560	2.5	7.67%
17	10	60	280	2.5	7.49%
18	30	60	280	2.5	7.64%
19	10	60	560	2.5	7.58%
20	30	60	560	2.5	7.93%
21	20	30	420	0	6.85%
22	20	90	420	0	6.79%
23	20	30	420	5	7.31%
24	20	90	420	5	7.46%
25	20	60	420	2.5	7.81%
26	20	60	420	2.5	8.01%
27	20	60	420	2.5	7.92%
28	20	60	420	2.5	8.11%
29	20	60	420	2.5	7.81%

由表 4-4 可知,回归模型极其显著($P<0.0001$),失拟项不显著($P = 0.4559 >0.05$),说明方程对实验有较好的拟合性,实验误差较小;$R^2 = 0.9502$,$R^2_{Adj} = 0.9005$,也表明模型拟合程度较好;变异系数(CV)= 1.88%,说明模型的重现性很好,该模型可以对总黄酮得率进行分析和预测。由表 4-4 还可以看出,因素 A、B、D、AB、A^2、B^2、D^2 对香椿老叶总黄酮得率具有显著影响($P <0.01$)。由 F 值可知,各因素对香椿老叶总黄酮得率的影响主次顺序依次为:汽化剂用量>微波辐射时间>浸润时间>微波功率。

表 4-4　回归模型方差分析

方差来源	平方和 SS	自由度 d_f	均方	F 值	P 值	显著性
模型	5.26	14	0.38	19.10	<0.0001	＊＊
A	0.12	1	0.12	6.00	0.0281	＊
B	0.14	1	0.14	7.27	0.0174	＊
C	0.042	1	0.042	2.14	0.1660	
D	1.26	1	1.26	64.10	<0.0001	＊＊
AB	0.12	1	0.12	6.05	0.0275	＊
AC	0.01	1	0.01	0.51	0.4876	
AD	0.02	1	0.02	1.00	0.3352	
BC	0.038	1	0.038	1.93	0.1862	
BD	0.011	1	0.011	0.56	0.4665	
CD	1.60E-003	1	1.60E-003	0.081	0.7797	
A^2	0.24	1	0.24	12.24	0.0035	＊＊
B^2	0.094	1	0.094	4.76	0.0466	＊
C^2	0.065	1	0.065	3.31	0.0904	
D^2	3.46	1	3.46	175.78	<0.0001	＊＊
残差	0.28	14	0.02			
失拟项	0.21	10	0.021	1.23	0.4559	
纯误差	0.068	4	0.017			
总和	5.53	28				

注:＊＊表示差异极显著,$P<0.01$;＊表示差异显著,$P<0.05$。

2.响应面分析

对各因素交互作用的研究结果表明,浸润时间和微波辐射时间的交互作用对黄酮得率的影响显著。将汽化剂用量和微波功率固定在 0 水平时，总黄酮得率随浸润时间的增大先增加后降低，随微波辐射时间的增加先增加后趋于稳定。从微波辐射时间曲面斜率大于浸润时间曲面的斜率可知，微波辐射时间对黄酮得率的影响比浸润时间大。而其他因素间的交互作用对黄酮得率的影响都不显著，如图 4-5 所示。

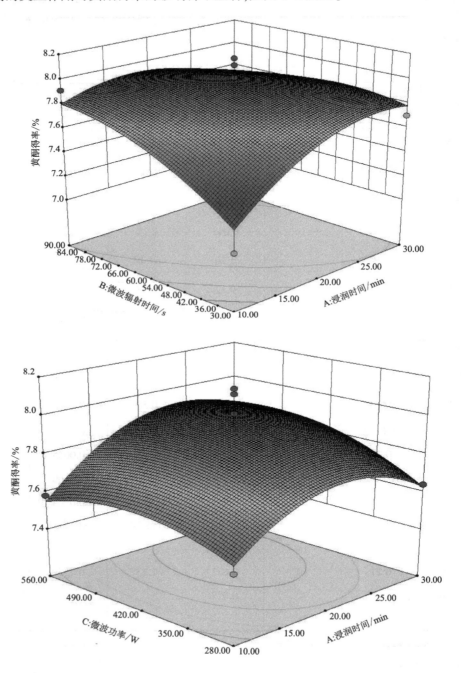

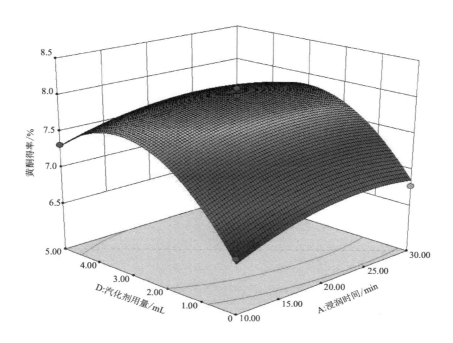

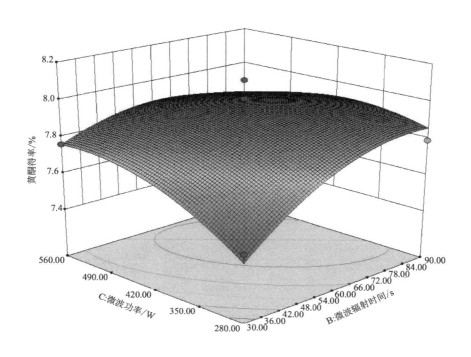

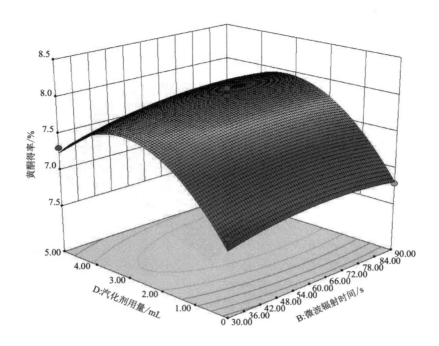

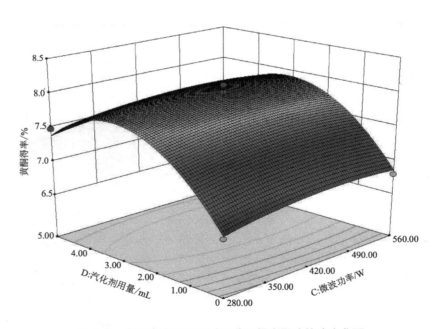

图4-5 各因素交互作用对总黄酮得率影响的响应曲面

3.香椿老叶总黄酮提取工艺条件的确定与验证

在选取的各因素范围内,根据回归模型通过 Design Expect 软件分析得出微波辐射预处理提取香椿老叶总黄酮的最优条件:浸润时间 19.93 min、微波辐射时间 75.08 s、微波功率 423.58 W、汽化剂用量 3.1 mL。在此条件下,香椿老叶总黄酮得率的预测值为 8.00%。为检验该法的可靠性,考虑到实际操作的便利,将最佳工艺参数修正:浸润时间 20 min、微波辐射时间 75 s、微波功率 420 W、汽化剂用量 3 mL。在此条件下,进行 3 次平行实验,黄酮类化合物得率平均值为 7.97%,与理论值 8.00% 非常接近,说明该模型可以很好地反映出香椿老叶总黄酮的提取条件。同时选取最劣组合(浸润时间 15 min、微波辐射时间 51 s、微波功率 280 W、汽化剂用量 0 mL)进行试验,在此条件下,黄酮类化合物得率平均值为 6.42%,与最优组合试验对比,显示出最佳提取工艺条件的优越性,从而也说明采用响应面法对香椿老叶总黄酮提取条件参数进行优化是可行的。

(四)与传统乙醇提取法的比较

表 4-5 为微波辐射预处理提取法与传统乙醇提取方法的结果比较,可以看出微波辐射预处理提取法所用的时间只有醇法的一半,而得率提高了 26.73%。这说明香椿老叶经过微波辐射预处理后,不仅后续提取速度大大加快,缩短提取时间,而且黄酮得率也得到提高。

表 4-5 两种提取方法的结果对比

提取方法	提取时间/min	黄酮得率
微波辐射预处理提取	60	7.97%
传统乙醇回流提取	120	5.84%

(五)微波辐射前后香椿老叶细胞微观结构观察

将样品用双面胶固定在样品台上,电镀喷金,然后置于扫描电镜中,观察并拍摄具有代表性的细胞微观结构。

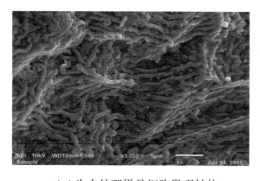

(a)为未处理样品细胞微观结构　　　(b)为微波辐射后样品细胞微观结构

图 4-6 微波辐射预处理对香椿老叶细胞微观结构的影响

图 4-6(a)为香椿老叶微波辐射前细胞微观结构图,可以看出细胞结构比较完整,没有太大破坏。而经微波辐射后观察到细胞结构破坏严重,细胞膜收缩,细胞壁之间出现裂隙,部分细胞膜已经破裂,出现"空洞"现象。总体来说几乎没有完整细胞存在,细胞壁

破坏严重,如图4-6(b)所示。

(六)结论

本研究采用响应面法优化微波辐射预处理提取香椿老叶总黄酮的工艺,在单因素试验的基础上,选择浸润时间、微波功率、微波辐射时间、汽化剂用量为自变量,以黄酮得率为响应值,采用Box-Behnken法设计四因素三水平的响应面试验优化提取工艺。结果表明,微波辐射预处理提取香椿老叶总黄酮的最优条件:浸润时间19.93 min、微波辐射时间75.08 s、微波功率423.58 W、汽化剂用量3.1 mL。考虑实际操作过程的方便性,将提取工艺参数修正为浸润时间20min、微波辐射时间75 s、微波功率420 W、汽化剂用量3 mL。在此条件下,进行3次平行实验,黄酮类化合物得率平均值为7.97%,与理论值8.00%非常接近,由此可见微波辐射预处理提取技术是一种高效的黄酮类化合物提取方法。

二、超声波辅助提取技术

本研究以红油香椿废弃组织为研究对象,采用响应面法优化超声波辅助提取黄酮类物质的工艺,确定最佳提取条件,并研究其抗氧化活性,为产业化开发香椿废弃组织奠定一定的理论基础,同时减少了香椿资源的浪费,大大提高了香椿的附加值,对香椿产业的可持续性发展有着重要的社会意义。

(一)提取得率测定

采用硝酸铝显色法测定总黄酮得率,略有改动。准确称取芦丁标准品0.0100 g,用70%乙醇在超声波下使其溶解,转移至100 mL容量瓶中定容,摇匀即得质量浓度为0.1 mg/mL的芦丁标准溶液,用移液管精密移取芦丁标准溶液0.0、1.0、2.0、3.0、4.0、5.0 mL于10 mL比色管中,用70%乙醇补充各管体积至5 mL,各加入质量分数为10%的Al(NO₃)₃溶液0.3 mL,静置5 min,然后加入质量分数为5%的NaNO₂溶液0.3 mL,静置5 min,再加入质量分数为4%的NaOH溶液3 mL,最后用70%乙醇定容至10 mL,摇匀,静置15 min,以空白溶液作为对照,于510 nm处测吸光度,以吸光值为纵坐标Y,芦丁质量浓度为横坐标X,绘制标准曲线,得线性回归方程:$Y=9.63X+0.0133$,$R^2=0.9990$。利用标准曲线计算样品总黄酮含量,得香椿废弃组织总黄酮得率。

$$黄酮得率(\%)=\frac{C\times a\times V}{w}\times100\% \qquad (4-2)$$

式中　C——提取液总黄酮的浓度,mg/mL;

　　　a——稀释倍数,10;

　　　V——提取液体积,500 mL;

　　　w——样品粉末质量,5 g。

(二)最佳提取溶剂的选择

为了选择香椿废弃组织总黄酮的最佳提取溶剂,分别加入200 mL80%甲醇、70%乙醇、80%丙酮、乙酸乙酯、氯仿、石油醚,在50 ℃下超声提取40 min[液料比(mL/g)40:1,超声功率150 W],抽滤除渣,得黄酮提取液,旋蒸浓缩至浸膏,然后用70%乙醇定容至200 mL,并按上述方法分别测定吸光度值,计算黄酮得率。

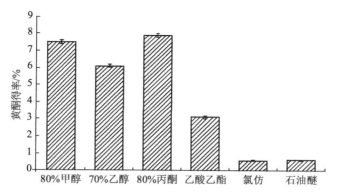

图 4-7 不同溶剂对香椿废弃组织总黄酮得率的影响

由图 4-7 可以看出,香椿废弃组织中总黄酮在 80% 丙酮中提取效果最好,其次是 80% 甲醇、70% 乙醇,这可能因为香椿中的黄酮类物质多以中强极性的糖苷形式存在,根据相似相溶原理,所以 80% 甲醇、70% 乙醇、80% 丙酮的提取效果较好。但由于丙酮、甲醇具有一定的毒性,出于安全考虑,故确定 70% 乙醇为最佳提取溶剂。

(三)单因素试验

采用 70% 乙醇作为提取溶剂,选择提取温度、液料比和超声功率进行单因素试验。处理设置如下:

温度 液料比(mL/g)40:1,超声功率 150 W,超声时间 40 min,温度分别为 50 ℃、60 ℃、65 ℃、70 ℃、80 ℃;

液料比 温度 60 ℃,超声功率 150 W,超声时间 40 min,液料比(mL/g)分别为 20:1、30:1、40:1、50:1、60:1;

超声功率 温度 60 ℃,液料比 50 mL/g,超声时间 40 min,超声功率分别为 120 W、150 W、180 W、210 W、240 W。

不同条件下提取黄酮后,按照前面所述方法测定溶液吸光度值,计算其得率,研究不同因素对香椿废弃组织总黄酮得率的影响。

1.温度对总黄酮得率的影响

由图 4-8 可知,当提取温度小于 60 ℃ 时,随着温度的升高,得率迅速增加;当提取温度大于 60 ℃ 时,随着温度的升高,得率有所下降。这可能是由于温度太高,黄酮类物质不稳定、结构遭到破坏,导致黄酮得率降低。因此选择提取温度在 60 ℃ 左右进行后续优化试验。

2.液料比对总黄酮得率的影响

由图 4-9 可知,随着液料比的增大,黄酮类物质的得率也呈上升趋势。但当液料比达 50 mL/g 以后,总黄酮得率增加非常缓慢,并

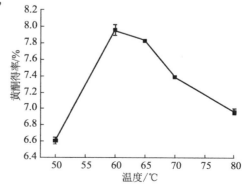

图 4-8 提取温度对总黄酮得率的影响

且无显著差异($P>0.05$)。这是由于样品粉末与萃取溶剂的接触面增大,有助于黄酮类物质的浸出;但随着液料比持续增加,黄酮得率趋于稳定,黄酮类物质的浸出基本达到完全。通过对黄酮得率、溶剂用量和能量耗损的综合考虑,选择液料比在50 mL/g左右进行后续优化试验。

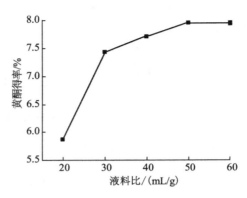

图4-9 液料比对总黄酮得率的影响

3.超声功率对总黄酮得率的影响

由图4-10可知,当超声功率小于180 W时,黄酮得率随超声功率的增大而增大,当超声功率大于180 W时,黄酮得率随超声功率的增大而减小。这可能是由于过高的超声功率导致香椿废弃组织中黄酮类物质遭到破坏,同时,较高功率的超声波可能导致一部分极性较强的黄酮类物质发生高频运动而降解,因此选择180 W为最佳超声功率。

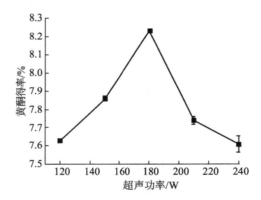

图4-10 超声功率对总黄酮得率的影响

(四)响应曲面优化试验

根据单因素试验结果设计因素水平,以温度、液料比、超声功率3个因素为自变量,以总黄酮得率为响应值,根据Box-Behnken中心组合设计原理进行三因素三水平实验设计。实验因素和水平见表4-6。

表 4-6　Box-Behnken 试验设计因素水平及编码

因素	水平		
	+1	0	-1
A 温度	70	60	50
B 液料比	60	50	40
C 超声功率	210	180	150

1.二次响应面回归模型的建立与分析

单因素试验结果表明,最佳单因素条件:提取温度 60 ℃、液料比 50 mL/g、超声功率 180 W,故选取这 3 个因素设计响应面试验,研究不同组合对黄酮得率的影响。响应面法试验设计及结果见表 4-7。应用 Design Expert 8.5b 软件对表 4-7 数据进行多元回归拟合分析,得到黄酮得率(Y)对温度(A)、液料比(B)和超声功率(C)的二次多项回归方程:

$$Y = 8.08 - 0.11 \times A + 0.029 \times B - 0.14 \times C - 0.025 \times AB - 0.15 \times AC - 2.278E-003 \times BC - 0.37 \times A^2 - 0.14 \times B^2 - 0.36 \times C^2$$

表 4-7　响应面试验设计与结果

试验号	A:温度/℃	B:液料比(mL/g)	C:超声功率/W	黄酮得率
1	-1	-1	0	7.57%
2	1	-1	0	7.46%
3	-1	1	0	7.73%
4	1	1	0	7.53%
5	-1	0	-1	7.50%
6	1	0	-1	7.50%
7	-1	0	1	7.49%
8	1	0	1	6.89%
9	0	-1	-1	7.69%
10	0	1	-1	7.70%
11	0	-1	1	7.46%
12	0	1	1	7.46%
13	0	0	0	8.14%
14	0	0	0	8.06%
15	0	0	0	8.03%
16	0	0	0	8.08%
17	0	0	0	8.08%

由表 4-8 可知,回归模型极其显著($P < 0.0001$),失拟项不显著($P = 0.1016 > 0.05$);$R^2 = 0.9854$,$R^2_{Adj} = 0.9666$,A、C 均达到极显著水平($P < 0.001$),说明该模型对试验拟合度好,可以对黄酮得率进行很好的分析和预测。由表 4-8 还可以看出,因素 A、C、AC、A^2、B^2、C^2对香椿废弃组织中黄酮得率具有极显著的影响($P < 0.01$),因素 B、AB、BC 对黄酮得率的影响不显著($P > 0.05$)。由 F 值可知,各因素对香椿废弃组织中黄酮得率的影响主次顺序依次为:超声功率>温度>液料比。

表 4-8　回归模型方差分析

方差来源	平方和	自由度	均方	F 值	P 值	显著性
模型	1.6749636	9	0.1861071	52.503555	<0.0001	＊＊
A:温度	0.1022286	1	0.1022286	28.840186	0.0010	＊＊
B:液料比	0.0068979	1	0.0068979	1.9460023	0.2057	
C:超声功率	0.1497276	1	0.1497276	42.240376	0.0003	＊＊
AB	0.0024305	1	0.0024305	0.6856771	0.4350	
AC	0.0951842	1	0.0951842	26.852865	0.0013	＊＊
BC	2.075E-05	1	2.075E-05	0.0058549	0.9411	
A^2	0.5726747	1	0.5726747	161.56	<0.0001	＊＊
B^2	0.0780591	1	0.0780591	22.021631	0.0022	＊＊
C^2	0.5510739	1	0.5510739	155.46609	<0.0001	＊＊
残差	0.0248126	7	0.0035447			
失拟项	0.018774	3	0.006258	4.145341	0.1016	
纯误差	0.0060386	4	0.0015096			
总和	1.6997762	16				
R^2	0.9854					
R^2_{Adj}	0.9666					

注:"＊＊"表示极显著水平($P < 0.01$);"＊"表示显著水平($P < 0.05$)。

2.响应面分析

由图 4-11 可见,温度与液料比的交互作用对总黄酮得率的影响不显著;从温度曲面斜率大于液料比曲面的斜率可知,温度对总黄酮得率的影响比液料比大。

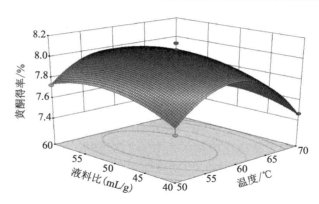

图 4-11　温度和液料比对总黄酮得率的交互影响

由图 4-12 可见,温度与超声功率对总黄酮得率的交互作用显著,总黄酮得率变化的大小,受到温度与超声功率的共同影响,两者在总黄酮得率的提高中起到了关键性的作用。在所选试验范围内,香椿废弃组织总黄酮得率随着温度与超声功率的增加而提高。

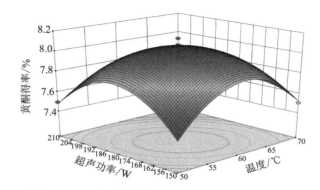

图 4-12　温度和超声功率对总黄酮得率的交互影响

由图 4-13 可见,液料比与超声功率对总黄酮得率的交互作用不显著。从超声功率曲面斜率大于液料比曲面的斜率可知,超声功率对总黄酮得率的影响比液料比大。

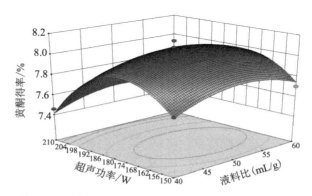

图 4-13　液料比和超声功率对总黄酮得率的交互影响

从图 4-11~图 4-13 的响应面图可以直观地看出,两因素之间的影响趋势均表现为先增大后减小,当三者分别达到一定浓度时,响应曲面均有一个极大值点。通过对回归模型求解方程,得到超声辅助乙醇提取香椿废弃组织总黄酮的最佳条件:温度 58.77 ℃、液料比 51.20 mL/g、超声功率 175.10 W。

3.验证试验

为检验该法的可靠性,考虑实际操作过程的方便性,将最佳提取工艺参数修正为温度 59 ℃、液料比 51 mL/g。同时由于 SB-5200DTD 型超声波清洗机的超声功率为 300 W,可调为40%~99%。根据实验优化后超声功率为 175.10 W,而 SB-5200DTD 型超声波清洗机并不能设置 175 W,因此将超声功率选择为 174 W,在此条件下,进行 3 次平行实验,黄酮类物质得率平均值为 7.94%,与理论值 8.03% 比较接近。说明该回归方程与实际情况拟合较好,充分证明了该回归方程的可靠性。

(五)结论

本文采用响应面法优化超声辅助提取香椿废弃组织中总黄酮的工艺,在单因素试验的基础上,选择温度、液料比、超声功率为自变量,以总黄酮得率为响应值,采用 Box-Behnken 法设计三因素三水平的响应面试验优化提取工艺。结果表明,香椿废弃组织中总黄酮提取的最优工艺:温度 58.77 ℃、液料比 51.20 mL/g、超声功率 175.10 W。考虑实际操作过程的方便性,将提取工艺参数修正为温度 59 ℃、液料比 51 mL/g、超声功率174 W。在此条件下,进行 3 次平行实验,总黄酮得率平均值为 7.94%,与模型预测结果相近,进一步验证了该模型的可靠性。

三、大孔树脂分离纯化技术

树脂吸附洗脱是近年来发展起来的一种分离、纯化天然产物的方法,尤其是大孔吸附树脂具有选择性好、吸附容量大、再生处理方便及吸附迅速、解吸容易等优点,在植物天然活性成分的分离、纯化中得到广泛应用。本节研究是针对大孔树脂对香椿总黄酮吸附特性进行,旨在筛选出一种具有吸附容量大且易于解吸的吸附树脂,为香椿黄酮工业化规模的分离、纯化,高纯度天然香椿黄酮的制备摸索工艺条件,为开发香椿天然药物提供依据。

(一)香椿黄酮的提取试验

准确称取 5.000 g 香椿粉末于 500 mL 三角锥形瓶中,加入乙醇超声辅助提取,设置温度 60 ℃、料液比(g/mL)1:50、超声功率 180 W,提取后抽滤除渣,滤液定容至 500 mL 容量瓶中。

采用硝酸铝显色法测定黄酮含量,略有改动。以芦丁作为标准品,于 510 nm 处测吸光度,以吸光值为纵坐标 Y,芦丁质量浓度为横坐标 X,绘制标准曲线,得线性回归方程:$Y = 12.02X + 0.006$,$R^2 = 0.9948$。利用标准曲线计算样品黄酮得率。

$$黄酮得率(\%) = \frac{C \times a \times V}{w} \times 100\% \qquad (4-3)$$

式中　C——提取液黄酮的浓度,mg/mL;

　　　a——稀释倍数,10;

　　　V——提取液体积,500 mL;

　　　w——样品粉末质量,5.000 g。

(二)大孔树脂的预处理

将 6 种不同型号的大孔吸附树脂先经去离子水洗至无白色浑浊,用 95% 乙醇浸泡 24 h,使树脂充分溶胀,浸泡时保持乙醇体积为树脂体积的 2 倍,再用 95% 乙醇清洗树脂至流出液体不呈白色浑浊,然后用去离子水洗至无醇味,用质量分数 5% 的盐酸浸泡树脂 2~4 h,然后用去离子水洗至中性,再用 0.5 mol/L 的 NaOH 溶液浸泡树脂 2~4 h,然后用去离子水洗至 pH 值呈中性,备用。

表 4-9　大孔树脂理化性质

型号	外观	极性	平均孔径/nm	比表面积/(m²/g)
D101	乳白色	非极性	9~10	490~550
HPD-100	乳白色	非极性	8.5~9	650~700
AB-8	乳白色	弱极性	13~14	480~520
HPD-400	白色	弱极性	7.5~8	500~550
HPD-722	白色	弱极性	13~14	485~530
HPD-750	白色	中极性	8.5~9	650~700

(三)大孔树脂静态吸附与解吸试验

测定 6 种不同型号的大孔吸附树脂对黄酮类化合物的静态吸附量、吸附率和解吸率,从而筛选最佳树脂。在磨口锥形瓶中加入 2 g 预处理好的大孔吸附树脂和黄酮溶液 50 mL,于 25 ℃条件下振荡吸附 12 h(150 r/min)。从振荡器中取出锥形瓶,将充分吸附后的树脂过滤,转移滤液至试管,树脂至锥形瓶。向锥形瓶中加入 50 mL 70% 乙醇溶液进行静态解吸,振荡 12 h。将解吸液进行抽滤,转移滤液至试管,树脂至回收瓶。对静态吸附平衡液和解吸液总黄酮浓度进行测定,计算吸附量、吸附率和解吸率。

$$吸附量\ Q(\mathrm{mg/g}) = \frac{(C_0 - C_1) \times V_1}{M} \times 100\% \tag{4-4}$$

$$吸附率(\%) = \frac{(C_0 - C_1)}{C_0} \times 100\% \tag{4-5}$$

$$解吸率(\%) = \frac{C_2 \times V_2}{(C_0 - C_1) \times V_1} \times 100\% \tag{4-6}$$

式中　C_0——溶液起始浓度,mg/mL;

$\quad\quad C_1$——吸附后滤液浓度,mg/mL;

$\quad\quad C_2$——解吸液浓度,mg/mL;

$\quad\quad M$——树脂质量,g;

$\quad\quad V_1$——吸附液体积,mL;

$\quad\quad V_2$——解吸液体积,mL。

由表 4-10 可以看出,所选大孔树脂对黄酮的吸附量都较大,且 HPD722 的吸附效果最好,吸附量为23.2819 mg/g,而且解吸率也比较高,为88.5529%。从树脂方面看,极性、孔径、比表面积等因素都会影响树脂的吸附性能。黄酮类物质为2个苯环通过3个碳原子相互联结而成的系列化合物,其体积较大。黄酮类物质具有一定的极性,但极性并不大。对于HPD722树脂,虽然比表面积较小,但其与溶质分子的极性相似,平均孔径也较大,因此具有较好的吸附效果。而解吸率的大小主要取决于吸附树脂和被吸附物结合力的强弱。HPD722树脂吸附非极性和弱极性物质的结合力为范德瓦耳斯力,结合力较弱,解吸率较高。因此,HPD722树脂具有较好的吸附解吸性能。但是,仅用平衡吸附量和解吸率来评价树脂的性能不够全面,还需要了解其静态吸附动力学曲线,从而确定树脂是否具有较快的吸附速率。

表4-10 大孔树脂对香椿老叶黄酮的静态吸附与解吸性能

树脂	吸附量/(mg/g)	吸附率	解吸量/(mg/g)	解吸率
D101	22.4383	89.1066%	19.619	87.4353%
HPD100	22.7739	90.4395%	19.5102	85.6688%
AB-8	22.2841	88.4942%	19.3832	86.9820%
HPD400	22.1480	87.9539%	18.984	85.7143%
HPD722	23.2819	92.4568%	20.6168	88.5529%
HPD750	22.3748	88.8545%	20.254	90.5214%

（四）大孔树脂静态吸附与解吸动力学研究

精确称取新鲜树脂2.0 g,置于150 mL的三角锥形瓶中,加入50 mL黄酮水溶液,放入恒温振荡器摇床中进行静态吸附,置于恒温摇床振荡吸附12 h(25 ℃,150 r/min)。每隔一段时间移取吸附液,测定吸附液剩余总黄酮浓度即平衡浓度,建立静态吸附动力学曲线。然后将吸附饱和的树脂抽滤并转移至锥形瓶中,加入70%乙醇50 mL,放入恒温摇床振荡器中充分解吸(25 ℃,150 r/min)。每隔一段时间移取解吸液,测定解吸液总黄酮浓度即洗脱浓度,建立静态解吸动力学曲线。

仅用吸附率与解吸率来评价一种树脂的分离性能是不够的,在吸附时间足够长的情况下可能很多树脂都有较大的吸附率,但可能有些达到平衡需要的时间很长,在实际生产中将降低生产效率,不适合工业生产。

所选6种树脂对黄酮的静态吸附动力学曲线如图4-14所示。从图4-14可以看出,树脂对黄酮的吸附过程类似,均为快速平衡型,三者在5 h内均基本达到平衡,但三者中HPD722树脂的吸附量要稍高于其他两种树脂。

树脂对黄酮的静态解吸动力学曲线如图4-15所示。从图4-15中可以看出,树脂均在很短时间内(4 min)便解吸完全,且解吸率都很高,并且相差很小。

综合以上试验结果发现,HPD722树脂对香椿老化组织中的黄酮不仅具有较强的吸附能力,而且容易洗脱,是纯化香椿老化组织中黄酮物质的优良材料。因此本实验选用

HPD722大孔树脂作为吸附填料,以香椿老叶中提取的黄酮粗提物为实材,对黄酮粗提物的动态吸附工艺进行研究,最终得到最佳的动态吸附、解吸工艺条件,为黄酮粗提物的分离纯化研究和工业生产提供一些较为可靠的数据参考。

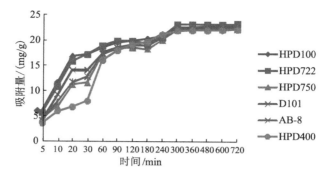

图4-14　大孔树脂对香椿老叶总黄酮的静态吸附动力学曲线

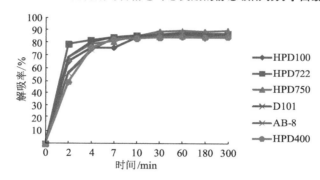

图4-15　大孔树脂对香椿老叶总黄酮的静态解吸动力学曲线

(五)大孔树脂动态吸附与解吸试验

取静态吸附优选出的树脂湿法装柱,取一定量浓缩干燥后的香椿黄酮粗提物,溶于蒸馏水中(超声波助溶),在不同条件下通过树脂柱,考察上柱液的浓度(1.0 mg/mL、2.0 mg/mL、3.0 mg/mL、4.0 mg/mL、5.0 mg/mL)和上样液速度(0.8 mL/min、1.2 mL/min、1.6 mL/min、1.8 mL/min)对树脂吸附性能的影响。测定流出液中黄酮的含量,计算吸附率。将吸附提取液的树脂在不同条件下进行解吸试验,考察乙醇浓度(30%、50%、70%、90%)对树脂解吸性能的影响,测定不同条件下洗脱液中黄酮的含量,计算相应解吸率。

1.上样液浓度对树脂吸附率的影响

如图4-16所示,在上样液浓度为1~3 mg/mL时,随着上样液浓度的增加吸附率升高,之后吸附率随着浓度增加变化趋势平稳。从吸附率角度考虑,上样液浓度为3 mg/mL比较适宜。

2.上样液速度对树脂吸附率的影响

如图4-17所示,随着上样液速度的增大,吸附率总体呈下降趋势,这是由于吸附与脱附是一个动态平衡过程,在同样的吸附速度下流速加快必然使相对吸附时间减少。考虑到生产效率和吸附率大小,选择上样流速为1.2 mL/min为宜。

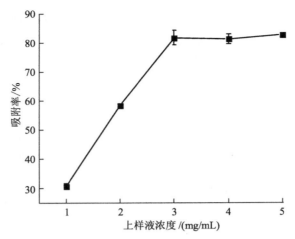

图4-16 上样液浓度对吸附率的影响曲线

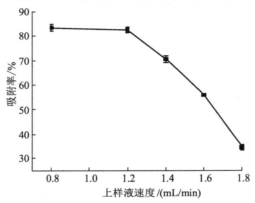

图4-17 上样液速度对吸附率的影响曲线

3.乙醇浓度对树脂吸附率的影响

如图4-18所示,随着乙醇浓度升高,洗脱效果越来越好。70%乙醇洗脱率已达最高点,此后趋势变化不明显。因此确定使用70%乙醇溶液为进一步纯化用洗脱剂。

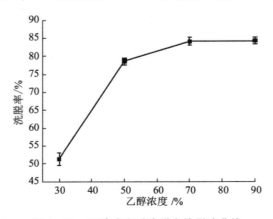

图4-18 乙醇浓度对洗脱率的影响曲线

(六)纯化后的香椿黄酮质量分数测定方法

香椿黄酮粗提液经充分吸附和洗脱,测定洗脱液的吸光度和体积,计算洗脱液中黄酮的浓度。将洗脱液旋转蒸发至浸膏,干燥至恒重,称干燥物的质量。计算纯化后总黄酮的质量分数。计算公式如下:

纯化后总黄酮的质量分数

$$C_1 = \frac{V \times C}{M_1} \times 100\% \tag{4-7}$$

式中　C_1——纯化后总黄酮的质量分数,%;

M_1——干燥后总黄酮的质量,mg;

V——洗脱液体积,mL;

C——洗脱液中黄酮浓度,mg/mL。

按照上述的吸附、解吸条件纯化香椿中的黄酮类化合物,将得到的提取液浓缩、干燥,得到了精制的香椿黄酮提取物,经测定香椿提取物中的总黄酮含量达到41.37%,香椿黄酮粗提取液经过大孔树脂分离纯化后其纯度由原来的7.97%提高到41.37%,是纯化前的4.19倍。本工艺得到的香椿黄酮提取物中的黄酮含量达到了较高的纯度,因此,香椿黄酮的分离纯化工艺具有很好的应用前景。

(七)结论

HPD-722大孔吸附树脂对香椿黄酮有较好的吸附分离性能。上样液浓度、上样液速度、洗脱剂浓度等工艺条件对HPD-722树脂的动态吸附动力学曲线都有影响;确定树脂柱的较佳操作条件:上样液浓度3 mg/mL,上样液速度1.2 mL/min,70%乙醇。

第二节　抗氧化活性功能评价

黄酮类化合物是一类自然界中广泛存在的化合物,在植物体中常以游离或与糖结合成苷的形式存在。是目前倍受关注的一类天然活性产物。黄酮类化合物有优异的生理功能,是一种很强的抗氧化剂。它作为保健产品首次引起人们的注意是在20世纪80年代末,法国一家保健食品厂商率先推出具有市场引导作用的黄酮类保健新品"碧萝芷"。由于"碧萝芷"能预防和治疗西方国家极为常见的冠心病与心肌梗死等心血管疾病,故而黄酮类化合物开始引起人们的注意。黄酮类化合物具有的多种生理功能,如调节心脑血管的作用、抗癌与防癌作用、降血糖活性。黄酮类化合物广泛的生理活性、药理活性与其具有良好的抗氧化性是分不开的。

作为一种良好的抗氧化剂,黄酮类化合物不但可以在链引发阶段清除自由基,且可以捕获反应链中的自由基,阻断自由基的链反应。黄酮类化合物作为抗氧化剂可以起到预防自由基产生和在自由基反应中断链的双重作用。因此本节采用铁氰化钾还原法、水杨酸比色法和1,1-二苯基-2-三硝基苯肼(1,1-diphenyl-2-picrylhydrazyl,DPPH)法对微波辐射预处理提取的香椿黄酮粗提物的抗氧化活性进行评价。

一、还原力的测定

取10 mL比色管,依次加入70%乙醇提取的质量浓度分别为0.016、0.024、0.032、

0.040、0.048、0.056 mg/mL 的黄酮粗液 5 mL、0.2 mol/L 磷酸盐缓冲液（pH=6.6）0.2 mL 和 0.3% 铁氰化钾 1.5 mL，混匀，在 50 ℃ 水浴条件下反应 20 min。水浴完成后迅速冷却并加入 10% 三氯乙酸 1 mL，摇匀后以 3000 r/min 离心 10 min，然后取 2 mL 上清液加入试管中，再加入 0.3% 三氯化铁 0.5 mL，蒸馏水 3 mL，摇匀后，以蒸馏水调零，测定 A_{700}。并以相同浓度的维生素 C 溶液为阳性对照，平行测定 3 次。

抗氧化剂的抗氧化能力与其还原力有关，还原力越大，抗氧化能力越强。由图 4-19 可知，香椿废弃组织中总黄酮具有良好的还原能力，一定质量浓度范围内（0.016~0.056 mg/mL），随着总黄酮质量浓度的增大，还原能力也逐渐增强。与同质量浓度的维生素 C 标准品相比，香椿废弃组织中总黄酮的总还原能力相对较弱。

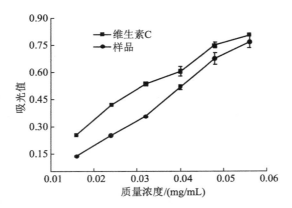

图 4-19　香椿废弃组织总黄酮的还原力

二、羟自由基清除能力的测定

取 10 mL 比色管，依次加入 70% 乙醇提取的质量浓度分别为 0.16、0.20、0.24、0.28、0.32 mg/mL 的黄酮粗液 1 mL，8.0 mmol/L 硫酸亚铁 0.3 mL，20 mmol/L 过氧化氢 0.25 mL，3.0 mmol/L 水杨酸 1.0 mL。在 37 ℃ 水浴中反应 30 min，流水冷却，再分别补加 0.45 mL 蒸馏水，使体系终体积为 3.0 mL，测定 510 nm 处吸光值，同时以相同浓度的维生素 C 溶液为对照，平行测定 3 次。清除率计算公式如下：

$$清除率 = \frac{A_0 - (A_i - A_j)}{A_0} \times 100\% \qquad (4-8)$$

式中　A_0——用蒸馏水代替样品溶液的吸光值；

　　　A_i——样品溶液的吸光值；

　　　A_j——用蒸馏水代替水杨酸的吸光值。

由图 4-20 可知，香椿废弃组织中总黄酮对羟自由基有明显的清除作用。当质量浓度为 0.16~0.32 mg/mL，随着质量浓度增加，香椿废弃组织中总黄酮对羟自由基清除能力随之加强，且明显高于相同质量浓度条件下维生素 C 对羟自由基的清除能力。黄酮提取液、维生素 C 清除羟基的 IC_{50} 值分别为 0.205 mg/mL 和 1.022 mg/mL。可见，香椿废弃组织中总黄酮清除羟自由基能力要明显高于阳性对照维生素 C。

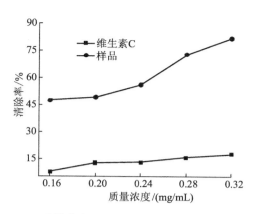

图4-20　香椿废弃组织总黄酮对羟自由基的清除能力

三、DPPH自由基清除能力的测定

取10 mL比色管,各加入70%乙醇提取的质量浓度分别为0.004、0.02、0.04、0.4、0.8 mg/mL的黄酮粗液2.0 mL,然后分别加入浓度为2×10^{-4}mol/L的DPPH溶液2.0 mL,混合摇匀,反应30 min后在517 nm处测定其吸光度A_1。以2.0 mL无水乙醇代替DPPH的吸光度为A_2,以2.0 mL的蒸馏水代替样品溶液的吸光度为A_0,以无水乙醇作空白调零,以维生素C作为阳性对照,平行测定3次。清除率计算公式如下:

$$清除率 = \frac{A_0-(A_1-A_2)}{A_0}\times100\% \tag{4-9}$$

式中　A_0——对照组吸光值;

A_1——样液组吸光值;

A_2——空白组吸光值。

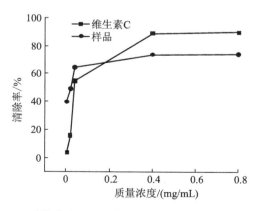

图4-21　香椿废弃组织总黄酮对DPPH自由基的清除能力

由图4-21可知,香椿废弃组织中总黄酮对DPPH自由基的清除率随质量浓度升高而增大,且质量浓度在0~0.4 mg/mL,高于同质量浓度的维生素C对DPPH自由基的清

除率。当质量浓度在 0.4~0.8 mg/mL 时,香椿废弃组织中总黄酮对 DPPH 自由基清除率低于同质量浓度的维生素 C 对 DPPH 自由基清除率。黄酮类物质的抗氧化活性与分子内是否含有氢键、三碳链氧化程度等相关,因此香椿黄酮类物质的种类及其结构特点、含量等导致其质量浓度在 0~0.4 mg/mL,高于同质量浓度的维生素 C 对 DPPH 自由基的清除率。这与杨华等报道的"野葛愈伤组织总异黄酮提取物对 DPPH 自由基的清除能力与茶多酚的清除能力相当,且显著优于葛根素和维生素 C"及赵丽等报道的"采用 DPPH 自由基清除和乙酰胆碱醋酶抑制高通量筛选模型进行研究二氢杨梅素,结果发现其抗氧化活性强于芦丁与维生素 C"相吻合。黄酮提取液、维生素 C 的 IC_{50} 值分别为 0.018 mg/mL 和 0.069 mg/mL,因此,香椿废弃组织中总黄酮对 DPPH 自由基的清除能力强于维生素 C。

体外抗氧化实验表明:香椿老叶总黄酮具有良好的还原能力;较强的羟自由基清除能力,IC_{50} 值为 0.180 mg/mL,明显高于阳性对照维生素 C 的 IC_{50} 值(1.022 mg/mL)。因此,香椿老叶具有较好的开发天然植物抗氧化剂的潜力,值得深入综合利用研究。

第三节　不同茬口及栽培环境对香椿黄酮含量和清除 DPPH·能力的影响

由于香椿具有明显的生长季节性和环境差异性,不同茬口和不同栽培环境下香椿所含的黄酮类活性物质的含量及抗氧化性能也会有一定差异。同时,香椿目前消费多以嫩芽为主,而大量的老叶及木质化枝条等老化组织常被废弃,造成大量的资源浪费及严重的环境污染。为此,本节以红油香椿为研究对象,对不同茬口及不同栽培环境的香椿嫩芽、老叶、嫩茎及老茎的黄酮含量和 DPPH 自由基清除活性进行系统地分析比较,以明确香椿中黄酮类物质在不同生长条件下的空间积累分布情况和活性特征,以期为香椿的综合加工利用及功能成分的深入研究提供理论依据和技术支持。

香椿品种为大棚栽培及露地栽培红油香椿,分别于 2015 年 1 月 5 日、20 日及 4 月 20 日、5 月 5 日采收于河南省郑州市中牟县田庄村河南省农业科学院香椿示范基地,分别记为头茬和二茬。每茬香椿又分为嫩芽、老叶及嫩茎和老茎,其感官特征:香椿嫩芽与嫩茎长度均选取 10 cm、无木质化可鲜食;老叶、老茎为完全木质化不可鲜食。新采摘的香椿于室温阴凉处晾干,粉碎,过 40 目筛,备用。

一、不同提取方法比较

超声辅助提取:准确称取 5.000 g 香椿样品粉末于圆底烧瓶中,超声辅助溶剂提取后抽滤除渣,滤液定容至 500 mL 容量瓶中,得黄酮提取液,待测。

微波预处理提取:精确称取 5.000 g 香椿样品粉末放入培养皿中,先经微波辐射预处理一段时间,再置于烧杯中恒温水浴提取 60 min(料液比 1:40,温度 60 ℃),抽滤除渣,得黄酮提取液,待测。

分别采用超声辅助提取和微波辅助提取法对香椿样品中的总黄酮进行提取,得到香椿总黄酮提取液。按照前文所述抗氧化活性测定方法进行 DPPH 自由基清除活性测定。

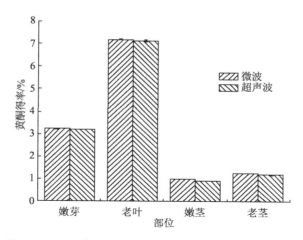

图 4-22   不同提取方法对香椿不同部位黄酮得率的影响

如图 4-22 和图 4-23 所示,采用微波辐射预处理法和超声辅助提取法对红油香椿不同部位的黄酮类化合物进行提取,两种提取方法的香椿不同部位黄酮得率及 DPPH 自由基清除活性均相差不大,微波提取法略高于超声波提取法,且老叶>嫩芽,老茎>嫩茎。这主要由于超声波法是通过空化作用产生剪切力破碎细胞,加速香椿样品中有效成分溶出;而微波法是利用微波辐射产生高频电磁波,样品材料内分子互相碰撞挤压,使得细胞内有效成分从细胞壁周围自由流出。两者均是通过破坏细胞壁的组成和结构,来提高细胞通透性,加速胞内物质的溶出速度,从而增加有效成分的提取率。因此,在后续试验中,选择微波提取法来提取香椿中黄酮类化合物。

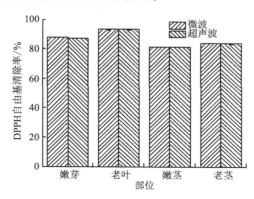

图 4-23   不同提取方法对香椿不同部位 DPPH 自由基清除率的影响

二、不同萃取溶剂比较

不同极性溶剂对黄酮类物质的提取效果有较大差别,分别采用不同浓度的甲醇、乙醇及丙酮溶剂对香椿中黄酮类物质进行提取制备。由图 4-24 和图 4-25 可以看出,红油香椿黄酮类化合物在 80% 甲醇、70% 乙醇、80% 丙酮中的提取效果较好,得率与 DPPH 自由基清除率均较高,在 80% 丙酮中提取效果最好,其次是 80% 甲醇、70% 乙醇。由于溶剂极性大小:甲醇>乙醇>丙酮>乙酸乙酯>氯仿>石油醚,而黄酮类化合物具有一定的极性,但极性并不是很大。因此香椿黄酮类化合物在80%丙酮中溶解度要高于其他提取溶剂。从香椿不同部位黄酮得率和清除DPPH自由基能力来看,老叶>嫩芽,老茎>嫩茎。综合考虑成本、安全性和同时高产率提取黄酮,故选择乙醇为最佳提取溶剂。

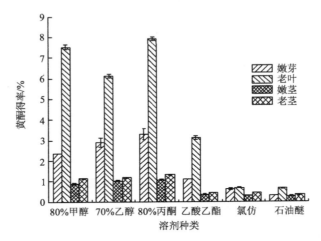

图4-24 超声辅助法不同溶剂对香椿不同部位黄酮得率的影响

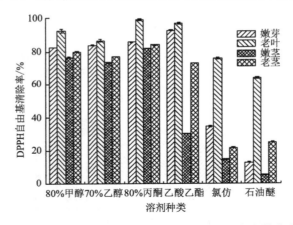

图4-25 超声辅助法不同溶剂对香椿不同部位DPPH自由基清除率的影响

三、不同茬口比较

采用微波辅助乙醇提取法对不同茬口红油香椿黄酮类化合物进行提取,并测定黄酮含量及DPPH自由基清除率。结果如图4-26和图4-27所示。

由图4-26、图4-27中可以看出,头茬香椿的黄酮含量高于二茬香椿,且不同部位表现出如下趋势:老叶>嫩芽,老茎>嫩茎。由于黄酮为植物次生代谢产物,在香椿生长发育的特定阶段形成,其合成酶系因受到外界气候环境变化影响,最终会造成黄酮含量随不同采收时间而发生的变化。DPPH自由基清除活性与黄酮含量结果大体保持一致,但有略微差异,这可能是由于不同部位的黄酮提取液含有其他较多杂质,彼此协同作用表现出区别于得率趋势的抗氧化活性。

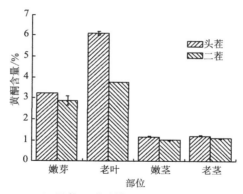

图 4-26 不同茬口对香椿不同部位黄酮含量的影响

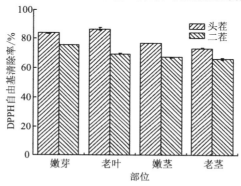

图 4-27 不同茬口对香椿不同部位 DPPH 自由基清除率的影响

四、不同栽培环境比较

不同栽培环境下头茬香椿不同部位黄酮含量差别很大,如图 4-28 所示,棚栽香椿黄酮含量显著低于露地栽培香椿的黄酮含量,这与罗旭璐等对紫椿嫩叶的研究结果一致,露地栽培的黄酮含量大于大棚栽培的含量。这可能是黄酮类物质合成受到不同栽培环境下光照、温度、空气湿度、土壤等条件的影响,因而表现出比较明显的含量差异。不同部位黄酮含量表现出如下趋势:老叶>嫩芽,老茎>嫩茎。

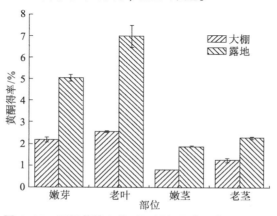

图 4-28 不同栽培环境对不同部位黄酮含量的影响

由图 4-29 可以看出,不同栽培环境下头茬香椿不同部位黄酮对清除 DPPH 自由基能力与其含量结果保持一致,两者呈正相关关系。分析认为黄酮类化合物含量与抗氧化活性密切相关,是重要的抗氧化活性成分。

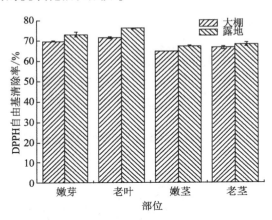

图 4-29   不同栽培环境对不同部位 DPPH 自由基清除率的影响

综上可知,采用微波辐射预处理法和超声辅助提取法对红油香椿不同部位的黄酮类化合物进行提取,比较分析黄酮得率及 DPPH 自由基清除率,表明微波法提取效果略优于超声波法。溶剂萃取方面,丙酮的提取效果最好,其次为甲醇、乙醇,但出于成本和安全性考虑,选择乙醇为最佳提取溶剂。以 70% 乙醇为提取溶剂,采用微波法对不同茬口与栽培环境下香椿不同部位的黄酮含量及 DPPH 自由基清除活性进行研究,表明头茬香椿优于二茬香椿,露地栽培优于大棚栽培。

第四节   全国不同产地香椿中黄酮含量及抗氧化活性比较

不同产地香椿样品的黄酮类化合物含量及抗氧化活性既有一定的相似性,也表现出较大的差异,可能受气候、土壤等生长栽培条件影响,导致其有所不同。因此,为了较全面地分析不同产地香椿中黄酮含量差异,选用我国华东地区(山东、安徽、浙江)、华中地区(湖北、湖南、河南)、华北地区(河北、山西)、华南地区(广西)、西南地区(四川、云南、贵州)的 5 个香椿主产区的 12 个省份的香椿样品,研究其黄酮含量随地域性的变化规律,以期有针对性地对不同产地香椿样品进行加工,选择合适的产地香椿做原料,加工成相适应的高品质产品。

香椿样品:共计 12 个陆地头茬香椿(见表 4-11)。选取新鲜、长度为 15～20 cm 的香椿嫩芽,切碎后加液氮研磨,得到新鲜香椿样品,冷冻备用。

表 4-11   12 个不同产地香椿样品

样品	产地	采集时间
1	贵州	2018 年 3 月 07 日
2	云南	2018 年 3 月 09 日

续表 4-11

样品	产地	采集时间
3	四川	2018 年 3 月 15 日
4	广西	2018 年 3 月 17 日
5	湖南	2018 年 3 月 26 日
6	浙江	2018 年 3 月 26 日
7	山西	2018 年 3 月 30 日
8	安徽	2018 年 4 月 01 日
9	湖北	2018 年 4 月 02 日
10	河南	2018 年 4 月 03 日
11	山东	2018 年 4 月 10 日
12	河北	2018 年 4 月 15 日

一、不同产地香椿黄酮含量比较

由表 4-12 可以看出,不同产地香椿黄酮含量差异比较显著,云南香椿总黄酮含量最高,达 1.20 g/100 g,其次为浙江、湖南、贵州、广西等产地的香椿,远高于其他产地,山西香椿黄酮含量最低,为 0.26 g/100 g。

表 4-12　不同产地香椿黄酮含量比较

产地	总黄酮(g/100 g)
贵州	0.91 ± 0.00^c
云南	1.20 ± 0.01^a
四川	0.69 ± 0.00^e
广西	0.85 ± 0.02^d
湖南	0.97 ± 0.00^{bc}
浙江	1.04 ± 0.09^b
山西	0.26 ± 0.00^j
安徽	0.41 ± 0.05^h
湖北	0.56 ± 0.01^f
河南	0.47 ± 0.00^{gh}
山东	0.35 ± 0.01^i
河北	0.50 ± 0.00^{fg}

注:数据表示为平均值±标准差,不同的字母表示差异显著($P<0.05$),下同。

二、抗氧化活性比较

羟自由基清除率的测定,参考张黎明等的方法,略有修改。取不同产地香椿样品的提取液,依次分别加入 8.0 mmol/L FeSO$_4$ 溶液 0.3 mL,20 mmol/L H$_2$O$_2$ 溶液 0.25 mL,3.0 mmol/L水杨酸 1.0 mL。37 ℃ 水浴反应 30 min,再流水冷却,最后分别补蒸馏水 0.45 mL至 3.0 mL,在 510 nm 处测定吸光度 A。

DPPH 自由基清除率的测定,参考 SUN 等方法,略有修改。取不同产地香椿样品的提取液,加入 2×10^{-4} mol/L 的 DPPH 溶液 2.0 mL,混合摇匀,室温反应 30 min 后在517 nm 处测定吸光度 A。

以上两种测定抗氧化能力的方法,均以 Trolox 溶液为标准品绘制标准曲线,抗氧化能力以每克干基质量的 Trolox 当量表示,单位为 μmol TE/g。

表 4-13　不同产地香椿抗氧化能力比较

产地	DPPH·清除率（μmol TE/g 干基）	OH·清除率（μmol TE/g 干基）
贵州	10.63±0.02[a]	625.00±70.71[c]
云南	0.36±0.28[f]	1800.00±35.36[a]
四川	1.06±0.06[e]	65.00±26.52[h]
广西	10.54±0.00[a]	234.38±39.78[g]
湖南	8.96±0.25[c]	476.88±9.72[d]
浙江	1.55±0.05[d]	987.50±88.39[b]
山西	10.07±0.05[b]	427.50±3.54[de]
安徽	10.30±0.12[ab]	247.50±24.75[fg]
湖北	10.75±0.01[a]	339.38±7.96[ef]
河南	0.82±0.04[ef]	906.25±17.68[b]
山东	0.84±0.06[e]	247.50±3.54[fg]
河北	0.62±0.01[ef]	290.63±57.45[fg]

注:数据表示为平均值±标准差,不同的字母表示差异显著($P<0.05$),下同。

由表 4-13 看出,湖北、贵州、广西、安徽四地香椿样品对 DPPH·清除率较高,分别为 10.75、10.63、10.54、10.30 μmol TE/g 干基,且无显著性差异($P>0.05$),其次为山西、湖南两地香椿样品,均远高于其他产地样品,云南香椿样品对 DPPH·清除率最低,仅为 0.36 μmol TE/g干基;但在 OH·清除率方面,云南香椿样品最高,为 1800.00 μmol TE/g 干基,远高于其他产地样品,且差异显著($P<0.05$),其次为浙江、河南两地香椿样品,分别为 987.50 μmol TE/g 和 906.25 μmol TE/g 干基,与其他产地样品差异显著($P<0.05$),四川香椿样品对 OH·清除率最低,仅为 65.00 μmol TE/g 干基。

参考文献

[1]杜宝龙,万敏艳,王璇,等.香椿提取物生物活性功能的研究进展[J].动物营养学报,2020,32(07):3057-3063.

[2]宋继敏,贺志荣,赵三虎,等.香椿叶黄酮提取工艺及其生物活性研究进展[J].食品工业,2019,40(11):259-262.

[3]张家俊,刘玉梅,胡美忠,等.香椿不同部位总黄酮含量比较及生物活性研究[J].广东化工,2019,46(15):86-87.

[4]徐敏慧.香椿叶黄酮类化学成分的制备技术及含量测定[D].南京:江苏大学,2019.

[5]石青浩.香椿中黄酮提取和测定的研究进展[J].现代食品,2017(21):6-9.

[6]管培燕,刘美玲,赵明玉.香椿嫩叶及老叶中黄酮类物质的提取定量及抗氧化功能分析[J].中国食品添加剂,2020,31(11):50-54.

[7]杨申明,王振吉,杨红卫.香椿树皮总黄酮提取工艺优化及抗氧化特性[J].粮食与油脂,2021,34(02):128-132.

[8]陈伟,李晨晨,冉浩,等.香椿老叶中黄酮类和皂苷类物质的分离鉴定[J].包装工程,2019,40(09):36-42.

[9]李思阳,孔庆新,庄润泽,等.香椿子中总黄酮提取工艺的优化和比较[J].中成药,2017,39(10):2178-2182.

[10]赵雷,张美娟,田野,等.香椿老叶中黄酮的提取工艺研究[J].煤炭与化工,2016,39(08):60-62+67.

[11]孙娟娟,易辉,葛苏,等.响应面法对香椿叶总黄酮提取工艺的优化[J].湖北农业科学,2016,55(16):4253-4257.

[12]杨京霞,张鹏鹏.微波提取太和香椿黄酮类物质的研究[J].黑龙江农业科学,2015(12):127-129.

[13]杨华,石冠华,方从兵,等.野葛愈伤组织提取物体外清除自由基活性的研究[J].热带作物学报,2011,32(03):398-402.

[14]赵丽,徐淑萍,李宗阳,等,潘瑞乐.杨梅素及其类似物抗氧化与乙酰胆碱酯酶抑制活性研究[J].食品工业科技,2012,33(01):56-58+62.

[15]罗旭璐,校彦赟,贺鹏,等.两种栽培条件下紫椿嫩叶的营养成分比较[J].林业科技开发,2014,28(03):66-68.

[16]张黎明,李瑞超,郝利民,等.响应面优化玛咖叶总黄酮提取工艺及其抗氧化活性研究[J].现代食品科技,2014,30(04):233-239.

[17]SUN T , HO C T . Antioxidant activities of buckwheat extracts[J]. Food Chemistry,2005, 90(4):743-749.

第五章　香椿多糖类组分制备及其活性功能研究

多糖(polysaccharide)是由 10 个以上的单糖缩合而成,广泛分布于动物、植物及微生物的细胞壁中。按来源不同,多糖可分为真菌多糖、高等植物多糖、藻类地衣多糖、动物多糖、细菌多糖五大类;按由一种还是多种单糖单位组成,可分为同多糖和杂多糖;按多糖的生物功能,可分为储存或储能多糖和结构多糖。

多糖是一类天然大分子化合物,它是生物体内重要的生物大分子,是维持生命活动正常运转的基本物质之一。但是长期以来人们对它们的认识仅局限于能量供应及细胞结构方面,随着科学家对糖类化合物的研究不断增加和深入,人们开始逐渐认识到它们的重要性。近年来,植物、海洋生物以及菌类等来源的多糖研究日益受到关注,国际科学界甚至提出 21 世纪是多糖的世纪。

植物多糖具有免疫调节、抗肿瘤、降血糖、降血脂、抗辐射、抗菌抗病毒、保护肝脏等生物活性,所以早已被广泛应用到医学界、餐饮界等大众生活领域中。目前糖类药物的使用和销售在药物市场上占有很大的比例,据不完全统计,全球至少有 30 个以上的多糖正在分别进行正规的抗肿瘤、抗艾滋病及糖尿病治疗等临床实验,已经上市的糖类药物有治疗糖尿病的 acarbose、抗病毒药物 arbekacin 等,全世界对糖类药物的研制与开发进入空前活跃的阶段。

香椿属于楝科香椿属木本植物,广泛分布在我国大部分地区,以安徽、河南、四川、山东等省栽培最多。香椿的嫩芽、叶不仅色香味俱佳,而且含有人体所必需的氨基酸、脂肪酸、维生素、微量元素等多种营养成分,具有较高的食用价值,且因富含黄酮、多糖、萜类、生物碱、多酚等多种生物活性成分而具有较高的药用价值,几乎香椿的每个部位都具有药用活性。其中香椿子性温,可以用于治疗风寒外感、风湿关节痛、心胃气痛以及疝气等。香椿树皮可以用于止血、除热、燥湿以及杀虫等。传统中医记载香椿叶可以用于治疗肠炎、痢疾、皮炎以及疔疮等。

相关研究均证实香椿叶具有较高的药用价值,其含有的多糖具有多种生理功效,但目前关于香椿多糖的研究还很少,对香椿多糖的体外活性也缺乏系统的研究。在香椿多糖提取工艺方面,采用热水回流提取香椿叶多糖,多糖得率为 34.8 mg/g;利用微波辅助提取香椿多糖,提取率达 8.54%;刘春兰等人对香椿叶的水溶性多糖进行了初步纯化,并对多糖清除自由基活性进行了初步研究。香椿子多糖含量较高,丁世洪等采用超声波辅助提取香椿子多糖,并发现香椿子多糖具有一定的抗氧化活性,对 DPPH 自由基具有较好清除能力。此外,部分研究还发现香椿子多糖对小鼠和血液高凝态大鼠具有抗凝血作用,其抗凝机制可能与抑制内外源性凝血途径、升高 AT Ⅲ 活性、提高纤溶活性和抑制血小板凝聚有关。香椿目前消费多以嫩芽为主,而大量的老叶、半木质化及木质化的枝条等老化组织常被废弃,造成大量的资源浪费及严重的环境污染,开展香椿多糖的研究对于香椿资源的综合利用具有重要意义。

第一节　多糖组分的提取技术

多糖的提取是多糖进一步应用以及开发的基础,提取技术的成熟与否直接影响着其提取纯度,进而影响其活性功能。因此研究和发展多糖提取技术对多糖的开发有着重要的现实意义。目前常见的多糖提取技术主要有热水浸提法、超声波及微波提取法、酶复合提取法等。

一、热水浸提法

热水提取法是提取植物多糖常用的方法,是利用热力作用致使细胞发生质壁分离。一方面,细胞内的渗透压高于外部渗透压,水从外部渗透到细胞质中,溶解其中物质,从而扩散到溶液中;另一方面,细胞内和细胞间的物质也会通过扩散溶解出来。该法具有较好的渗透性、较高的提取率以及简单的操作步骤,因此被广泛应用。沈爱英等利用热水浸提-乙醇沉淀法发现桑叶在 75 ℃水浴中提取 2 次,抽提 60 min,80%乙醇醇析的条件下,多糖的最大得率为 2.508%。钟葵等采用响应面法对龙眼多糖热水浸提工艺进行了优化,得出料液比(g/mL)为 1∶45,提取时间为 4.5 h,转速为 191 r/min 为最优条件,龙眼多糖得率为 0.413%±0.013%。刘继超等利用热水提取法从地木耳中提取多糖,并研究了提取温度、料液比以及提取时间这三个因素对地木耳多糖提取率的影响,结果表明,提取温度、料液比以及提取时间对地木耳多糖提取率的影响较显著。

目前,热水浸提法是一种国内外常用的提取植物多糖的传统方法。热水浸提法采用水体系,其优点是材料易得,所需条件简单,适用于游离态多糖的提取,并且干扰物质少,但也不难发现,由于水的极性比较大,提取过程中,容易将水溶性蛋白质和苷类溶解出来,造成后续的纯化困难;另一方面,热水浸提法需要的提取温度高,而且还存在耗时长、效率低以及成本高等一系列缺点。由于植物多糖具有不同的性质以及复杂的存在位置,热水提取法无法将其完全提取出来,为了提高植物多糖的提取率,常常需要采用不同的提取方法。

二、超声波、微波提取法

超声波提取法主要是利用超声波的空化作用引起细胞壁破裂,使得植物细胞中的多糖进入溶剂中,从而增加多糖的提取率。超声辅助提取和传统溶剂浸提相结合,具有提取条件温和、提取时间短和提取效率高等优点,已被应用于多种植物多糖的提取,如香菇多糖、灵芝多糖、南瓜多糖、枸杞多糖等的提取。彭永健等研究结果表明超声波提取玉竹多糖的最佳提取工艺条件为液料比(mL/g)50∶1、超声功率 426 W、提取时间 35 min,最优条件下多糖的提取率为 29.09%。利用响应面优化超声波辅助提取茯苓多糖的最佳工艺,得出 0.789 mol/L NaOH,料液比(g/mL)为 53∶100,提取时间 2.44 min,多糖的预测产量为 82.3%。但是超声波提取法对多糖的结构和功能特性有一定的影响,其影响程度与超声作用的条件有关,如超声温度、超声功率以及超声时间等具有设备简单、操作方便、节能高效,避免长时间及高温对提取物质降解的影响。

微波提取主要是利用微射线辐射加速细胞壁破裂,使得细胞内有效物质进入溶剂中。近年来,国外将微波技术应用于天然药物活性成分的浸提过程,有效提高了活性成分的收率,且迅速朝着工业化方向发展。目前,国内微波技术已涉及多糖、挥发油、生物碱、苷类、萜类、有机酸及黄酮等的提取研究。贾少杰等在微波提取功率为 374 W 以及料液比(g/mL)为 1∶15 的条件下提取灵芝多糖 2 次,灵芝多糖的最终提取率为 4.62%。利用微波强化固液浸取过程是一种颇具发展潜力的新型辅助提取技术。

三、酶复合提取法

酶法提取多糖就是利用酶对细胞结构进行破坏,从而释放出细胞内部的多糖,大大地提高了多糖的得率。常见的酶有果胶酶、纤维素酶以及中性蛋白酶,主要的方法有复合酶法、分别酶法和单一酶法。酶法提取植物多糖具有反应条件温和、效率高、杂质易除、工艺简便和省时等许多优点,但是酶的价格较高,易失活,使用的条件比较苛刻,仍需要进一步深入研究。酶作为高活性的蛋白,广泛应用于当归多糖、灵芝多糖、茶多糖以及油枣多糖等的提取工艺中。

为了达到较高的提取率,常采用几种提取方法进行复合提取,如热水-酶复合提取、超声波-酶复合提取、复合酶提取、微波-热水复合提取等技术。申瑞玲等采用热水-酶复合提取法对藜麦中的非淀粉多糖(NSP)进行提取,与其他提取方法相比,采用该方法藜麦多糖的提取率达到 7.55%。秦令祥等利用超声波-酶复合提取法从香菇中提取多糖并优化了超声波-酶复合法的提取条件,且在超声波-酶复合法优化条件下香菇多糖的提取率增加了 3.49%。王洪伟等使用复合酶法从南瓜中提取多糖,并且利用正交实验优化了复合酶的添加量以及南瓜多糖的提取条件,研究结果表明在最佳条件下,当添加 1% 的纤维素酶、1% 的木瓜蛋白酶以及 1.5% 的果胶酶时,南瓜多糖的提取率约为 28.8%。此外,李永裕等采用微波法进行前处理,然后利用热水提取法提取余甘多糖,实验结果表明影响余甘多糖提取率最显著的因素是热水提取温度,其次是热水提取时间和微波时间,最后是微波处理功率。

四、香椿多糖的提取

从香椿老叶中提取制备香椿粗多糖,主要工艺为:香椿叶粉碎,95%乙醇脱脂,超声提取 30 min,8 000 r/min 离心 10 min,弃去上清液;不溶物用水转移至三角锥形瓶,超声提取 30 min,提取两次,除去沉淀,转移上清液至三角瓶中,加入乙醇,控制乙醇含量为 75%,在 4 ℃冷藏条件下静置 20 h 以上,再离心得到沉淀,用无水乙醇洗涤沉淀后干燥得到香椿多糖。香椿中总多糖含量采用苯酚-硫酸显色法,以无水葡萄糖为标准品,于 490 nm 处测定吸光度,以吸光度值为纵坐标 y,无水葡萄糖质量浓度为横坐标 x,绘制标准曲线为 $y = 11.295x - 0.0493 (R^2 = 0.9981)$。将待测多糖提取液样品按照上述方法测定吸光度,平行测定 3 次。将测得的吸光值代入标准曲线计算得到样品质量浓度,换算出香椿样品总多糖含量。

　　采用以上方法测定不同产地香椿叶中的多糖含量,香椿样品均为4月份香椿嫩芽,分别采自河南新乡、河南桐柏、山西永济、陕西安康、山东淄博和湖北十堰。测定结果显示:不同产地来源的香椿总多糖含量分析比较如图5-1所示,山西永济含量最高,达9.27 g/100 g,显著高于其他产地(P<0.05),其次为山东淄博,河南新乡和河南桐柏无显著性差异(P>0.05),陕西安康含量最低。

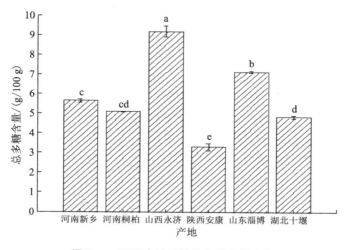

图5-1　不同产地香椿总多糖含量比较

　　以河南新乡原阳香椿基地的红油香椿为采样对象,自4月份香椿嫩芽开始采样,采至当年10月份香椿老叶凋零。对不同月份采摘的香椿叶所含的总多糖含量进行跟踪分析,结果如图5-2所示,生长期对多糖成分的积累有一定的影响。随着月份的增加,总多糖的含量呈现增长趋势,10月份含量达到最高,为24.32 mg/100 g。因此,以多糖类物质为目标加工香椿类产品时,应以采集10月份老叶为宜,并且此月份香椿叶产量较大,适合作为提取制备香椿多糖的原料。

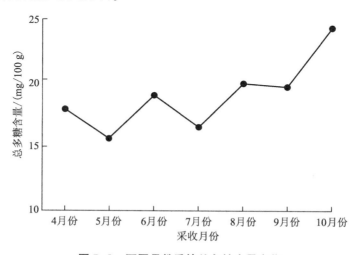

图5-2　不同月份香椿总多糖含量变化

第二节　多糖组分的分离纯化技术

通过对细胞的破碎,经过热水浸提、超声波及微波提取等技术得到的植物多糖通常属于粗多糖,还含有大量的杂质如蛋白质、色素等。这些杂质会影响多糖的结构表征和生物活性分析,因此对粗多糖进行除杂和纯化是必要的。

一、除杂技术

1.脱脂

有一些植物中含有大量的脂类物质,因此提取多糖前应该先进行脱脂处理。溶剂萃取法是常见的脱脂方法,常用的脱脂溶剂主要包括石油醚、乙醚、甲醇以及乙醇等。莫开菊等采用甲醇在78 ℃下回流脱去葛仙米中脂质;俞明君等选用无水乙醇对杏鲍菇的粉末进行脱脂处理;张斌等采用乙醇和乙醚的混合物(1∶9)回流4 h对甘蔗残渣进行脱脂处理效果最好。本课题组采用95%乙醇超声30 min对香椿进行脱脂处理,可除去大部分脂质类杂质。

2.脱色

常用的脱色方法有活性炭吸附法、大孔树脂法、过氧化氢法和离子交换树脂法等。活性炭是由具有较大的比表面积以及优良的吸附能力的含碳材料制成,具有耐酸碱、耐高温以及理化性质稳定等优点。但是活性炭在除去色素的时候也会吸附部分多糖,造成多糖提取率减少,因此有必要控制活性炭脱色的条件。徐丹鸿等采用活性炭对酸浆多糖进行脱色并采用正交实验优化脱色的条件,研究结果表明向酸浆多糖溶液中加入1.5%的活性炭,保持溶液pH值为4.0,在60 ℃下脱色15 min后,酸浆多糖溶液的脱色率为87.26%。

有些多糖提取液中含有与多糖相结合的色素,使用活性炭和大孔树脂脱色效果不明显,可以使用过氧化氢进行脱色。但是过氧化氢浓度过大时容易造成多糖降解,破坏多糖的结构,因此必须严格控制实验条件。陈健等利用过氧化氢对香菇多糖进行脱色,并且研究了过氧化氢的加入量、脱色温度、脱色时间以及溶液pH值对香菇多糖溶液脱色率的影响,结果表明与大孔树脂脱色比较可知,过氧化氢脱色时间短且脱色率高。

离子交换树脂是一种含有交换离子功能的网状高分子聚合物,可以分为大孔型和凝胶型。大孔型树脂稳定性高,吸附量大,能够很好地保持多糖的特性,且可以选择性地吸附色素。DEAE-纤维素阴离子交换色谱法是现在应用广泛的一类脱色方法,不仅可以用于脱去色素,还可以用来对多糖进行分离。

3.脱蛋白

多糖提取液中通常还含有少量的蛋白质,包括结合的蛋白质和游离的蛋白质。常用的脱蛋白方法有三氯乙酸法、蛋白酶法、Sevag法和盐酸法。

三氯乙酸法是利用提取液中蛋白质的疏水基团与三氯乙酸反应形成胶状沉淀,离心后可得到无蛋白的多糖提取液。蛋白酶法是一种比较温和的方法,利用蛋白酶可以水解多糖提取液中的蛋白质,但是该法具有脱蛋白不彻底且时间较长等缺点,故常与其他脱蛋白方法连用。

Sevag 法主要是利用蛋白质与氯仿、正丁醇等有机溶剂混合后发生变性的特点,把氯仿-正丁醇溶液(Sevag 试剂)与多糖溶液按照一定比例混合,静置除去变性蛋白层。该法反应条件较为温和,并且对多糖的结构和生物活性影响较小;但该法只能除去多糖溶液中游离的蛋白质,且需要重复多次才能将蛋白质完全脱去。夏泉等研究发现经过 6 次 Sevag 法处理黄芪粗多糖后,冻干粉中 70.8%的蛋白质被去除,而多糖组分含量仅仅下降 4.44%。

盐酸法是利用提取液中的酸性蛋白质与酸作用而沉淀,为了降低盐酸对多糖的分解,一般在 4 ℃下静置过夜。

此外一些物理方法也可以用来脱蛋白,如等电点法、反复冻融法、阴离子交换树脂法等。

二、纯化技术

除杂精制后的多糖通常是由不同分子量的中性或酸性多糖组成,还需要进一步纯化才能得到均一的多糖。多糖常用的纯化方法包括分级沉淀法、超滤法和柱层析法等。

(一)分级沉淀法

分级沉淀法可分为有机溶剂沉淀法和季铵盐沉淀法。有机溶剂沉淀法是根据多糖的溶解度在不同浓度的有机溶剂(如乙醇、甲醇、丙酮等)中存在差异的原理,向多糖提取液中依次加入不同浓度的有机溶剂使其分级沉淀出来。李璐等利用不同浓度的乙醇(60%、70%、80%和80%)从南瓜中得到了不同分子量的多糖。季铵盐沉淀法常用于酸性多糖的沉淀,通常酸性多糖与季铵盐混合会形成沉淀,使得多糖从提取液分离出来;常用的季铵盐有十六烷基吡啶和十六烷基三甲基溴化铵。何伟珍等利用季铵盐沉淀法从银耳粗多糖中分离出银耳纯化多糖。

(二)超滤法

超滤法是根据多糖分子量大小不同进行分离,此法操作较为简便,条件相对温和,且不会造成多糖结构的破坏。唐仕荣等采用不同分子量的超滤膜从枸杞粗多糖中分离出三个不同分子量的多糖组分。

(三)柱层析法

柱层析法包括阴离子交换色谱法和凝胶渗透色谱法。其中,阴离子交换色谱法是根据被分离相与固定相之间电荷不同来达到分离目的,常用的阴离子离子色谱有 DEAE-纤维素、DEAE-葡聚糖和 DEAE-琼脂糖等系列。凝胶渗透色谱法是利用多糖的分子量不同对多糖进行分离纯化,常用的凝胶渗透色谱有琼脂糖凝胶、葡聚糖凝胶和聚丙烯酰胺凝胶系列以及新一代凝胶,如聚丙烯酰胺葡聚糖。Li 等利用 DEAE-纤维素 52 和 Sephacryl S-300 色谱柱从阿魏菇中分离出一种均一的多糖。

三、香椿多糖分离纯化

闻志莹比较 Sevag 法、三氯乙酸法、聚酰胺法对香椿子粗多糖的脱蛋白效果,采用活性炭法对脱蛋白后的多糖进行正交优化脱色。研究表明,聚酰胺法脱蛋白效果最优,多糖保留率为 88.09%,蛋白质去除率为 68.15%;活性炭法脱色最优工艺为活性炭用量 2.0%,脱色温度 60 ℃,脱色时间 1 h,样液 pH 值为 4.0,在此工艺条件下多糖保留率达到 80.23%,脱色率为 64.58%。Shi 和 Liu 等采用超声波提取法从香椿嫩芽中提取多糖,并研究不同类型阴离子交换大孔树脂对多糖脱色的影响,结果表明 D941 树脂比其他树脂具有更好的脱色效率,且 D941 树脂最佳脱色条件为:提取温度为 45 ℃、样品初始浓度为 30 mg/mL、pH 值为 8.5、静态脱色时间为 90 min、动态脱色处理量为 5.5 BV、流量为 2 BV/h。

第三节　多糖组分的活性评价

现今植物多糖研究日益受到关注,国际科学界甚至提出 21 世纪是多糖的世纪。前期研究显示,许多植物多糖具有包括免疫调节、抗肿瘤、降血糖、降血脂、抗辐射、抗菌抗病毒、保护肝脏等保健作用,所以植物多糖早已被广泛应用到医学界、餐饮界等大众生活领域中。

一、多糖活性功能研究

(一)抗菌抗病毒活性

大量研究表明,许多多糖对细菌和病毒有抑制作用,如艾滋病毒、单纯疱疹病毒、流感病毒、囊状胃炎病毒等。实验证明,银杏胞外多糖与银杏叶多糖可显著抑制致炎剂引起小鼠耳肿胀和毛细血管通透性增加,表明它们具有抗炎作用;紫基多糖不仅能抑制如金黄色葡萄球菌等革兰氏阳性菌,对革兰氏阴性菌如藤黄色八叠球菌也有抑制作用。大多数多糖的抗病毒机制是抑制病毒对细胞的吸附,这可能是多糖大分子机械性或化学性竞争病毒与细胞的结合位点有关。因此,利用植物多糖的抑菌作用,把植物多糖作为食品中的一种成分,既可以防腐,又可以增加产品的附加值。在国内,已有利用植物多糖进行抗艾滋病的研究,在某种程度上为开发可替代价格昂贵且副作用较大的传统抗病毒药物指明了一个方向。

(二)抗肿瘤活性

一些多糖对癌细胞具有很强的抑制作用,具有抗肿瘤活性。例如香菇多糖已作为原发性肝癌等恶性肿瘤的辅助治疗药物,金针菇多糖、云芝多糖、猪苓多糖、竹荪多糖、茯苓多糖等也都具有不同程度的抗癌活性。目前研究认为植物多糖主要是通过增强机体的免疫功能来达到杀伤肿瘤细胞的目的,即抗癌作用经过宿主中介作用,增强机体的非特异性和特异性免疫作用,而非直接杀死肿瘤细胞,同时也与多糖影响细胞生化代谢、抑制肿瘤细胞周期和抑制肿瘤组织中 SOD 活性有明显的关系。枸杞多糖能增强抗癌免疫监视系统的功能;海带多糖对荷瘤 H22 小鼠有明显的抑制作用,其抑瘤率高达 43.5%;灰树花多糖能明显抑制肿瘤生长,并能增强小鼠的免疫功能。其他多糖如螺旋藻多糖、银耳多糖、人参多糖、香菇多糖、猪苓多糖、枸杞多糖、黄芪多糖、灵芝多糖、竹叶多糖、金针菇多糖、虫草多糖等均有抗肿瘤作用。

(三)抗凝血活性

抗凝血活性就是影响凝血过程的不同环节,并阻碍血液凝固的过程。每年抗凝血药物全球市值约40亿美元,并以13%的速度逐年增加。目前常见的抗凝血多糖主要为肝素类多糖,其分子量在20000左右,含硫量为9%～12%,是一种不均一的酸性多糖分子,其抗凝机制是抑制凝血因子以及抑制因子Ⅹ和凝血酶原的活性。钟宁等研究发现老年急性冠脉综合征病人长期使用低分子量肝素抗凝治疗,可以有效改善病人高凝状态。刘兆英等研究发现低分子量肝素治疗高龄不稳定型心绞痛患者,皮下注射,每12 h注射1次,可以获得持续的抗血栓效果,可考虑不需要实验室监测。

(四)降血糖作用

有些植物活性多糖具有降血糖、降血脂作用。正常情况下,人体内脂质的合成与分解保持一个动态的平衡,一旦平衡遭到破坏,血脂含量的增高将使动脉内膜受到损伤而导致动脉粥样硬化,从而诱发心脑血管疾病。降低血脂含量对于防治心血管疾病具有重要意义。据报道,南瓜多糖具有降血糖和降血脂作用,对糖尿病的防治效果已获确认。动物实验表明,南瓜多糖是较理想的能改善脂类代谢的食疗剂。黑木耳多糖可使小鼠血液中的胆固醇显著降低;海带多糖能明显降低糖尿病小鼠的血糖和尿素氮,并对胰岛损伤有修复作用。银耳多糖、茶叶多糖、魔芋多糖既能降血糖又能降血脂。另外,具有降血糖作用的还有番石榴多糖、人参多糖、乌头多糖、知母多糖、苍术多糖、薏苡仁多糖、山药多糖、麻黄多糖、刺五加多糖、紫草多糖、桑白皮多糖、稻根多糖、米糠多糖、甘蔗多糖、黄芪多糖、灵芝多糖、紫菜多糖、昆布多糖、麦冬多糖、灰树花多糖、黑木耳多糖。

(五)调节免疫功能

许多多糖可显著提高机体巨噬细胞的吞噬指数,并可刺激抗体的产生,从而增强人体的免疫功能。由于现代医学、细胞生物学及分子生物学的快速发展,人们对免疫系统的认识越来越深入。免疫系统紊乱,会导致人体衰老和多种疾病的发生。多糖的免疫调节作用主要是通过激活巨噬细胞、T和B淋巴细胞、网状内皮系统、补体和促进干扰素、白细胞介素生成来完成的。研究显示,大枣多糖、竹叶多糖、绞股蓝多糖、虫草多糖、黑豆粗多糖、无花果多糖、猴头菇多糖、中华猕猴桃多糖、白术多糖、防风多糖、地黄多糖、枸杞多糖、螺旋藻多糖、杜仲多糖、女贞子多糖等均有提高机体免疫力的功能。菌类植物多糖中云芝多糖、灵芝多糖、茯苓多糖、银耳多糖、香菇多糖早已应用于临床,可增强细胞免疫功能。

(六)保肝功能

多糖是一类生物活性大分子物质,大量的研究表明植物多糖具有肝脏保护活性作用。张占军等采用0.2% CCl_4-橄榄油诱导昆明小鼠产生急性肝损伤,结果表明薤白多糖(AMP40)预处理后可以抑制小鼠血清中丙氨酸氨基转移酶(ALT)和天冬氨酸氨基转移酶(AST)活性,增加小鼠肝脏中过氧化氢酶(CAT)、超氧化物歧化酶(SOD)、还原性谷胱甘肽(GSH)和总抗氧化能力(T-AOC)活性,同时减少小鼠肝脏中丙二醛(MDA)的含量,对急性肝损伤具有一定保护作用。宋晓琳等采用花脸蘑多糖对小鼠连续灌胃7 d后,腹腔注射0.1% CCl_4-橄榄油溶液诱导小鼠急性肝损伤,结果表明花脸蘑多糖预处理可以抑制小鼠血清中ALT和AST活性,具有一定的肝脏保护活性,且可能与抗氧化机制有关。此外,阿魏菇多糖、黄精多糖、枸杞多糖紫草多糖和灵芝多糖均被证明具有一定的肝脏保护活性。

二、香椿多糖活性功能研究

目前关于香椿多糖活性功能的研究较少,主要是在抗氧化、抗凝血等方面。刘春兰采用热水提取香椿叶多糖,用蛋白酶和Sevag试剂除去提取液中的蛋白,得到初步纯化的多糖,并比较了香椿叶粗多糖和初步纯化的香椿叶多糖两者的抗氧化活性。结果表明,香椿叶粗多糖和初步纯化的香椿叶多糖均能够有效地清除自由基,但是初步纯化的香椿叶多糖的自由基清除能力强于香椿叶粗多糖。闻志莹等以水提醇沉法得到的香椿子粗多糖为实验材料,通过聚酰胺法脱蛋白、活性炭脱色,经离子交换柱 DEAE Sepharose CL-6进行纯化。采用高效凝胶过滤色谱(HPGFC)和离子色谱分别对多糖的分子质量和其单糖组成进行分析,并进行了体外抗凝血活性测定,多糖组分STSP-3能显著延长凝血酶原时间和凝血酶时间,表明其抗凝血活性是通过影响外源性途径、共同途径实现。

参考文献

[1]刘春兰,邓义红,杜宁,等. 香椿叶水溶性多糖初步纯化及清除自由基活性研究[J].
海南大学学报(自然科学版), 2008(01):63-67.

[2]丁世洪,刘兵,赵淑伟,等. 香椿子多糖提取工艺及体外抗氧化活性研究[J]. 中国中
医药信息杂志, 2016,23(03):91-94.

[3]沈爱英,朱子玉,张文良. 桑叶水溶性多糖提取工艺的研究[J]. 蚕业科学, 2004(03):
277-279.

[4]钟葵,王强. 响应面法优化龙眼多糖热水浸提的工艺[J]. 化工进展, 2010,29(04):
739-744.

[5]刘继超,刘晓风,张璇,等. 地木耳多糖热水提取工艺优化[J]. 分子植物育种, 2018,
16(13):4425-4430.

[6]彭永健,张安强,马新,等. 玉竹多糖超声提取工艺优化及其保湿性研究[J]. 食品科
学, 2012,33(14):96-99.

[7]贾少杰,解修超,邓百万,等. 微波辅助法提取灵芝多糖工艺的优化及抑菌活性[J].
北方园艺, 2018(18):118-125.

[8]申瑞玲,张文杰,董吉林.酶-热水浸提法提取藜麦麸水溶性非淀粉多糖工艺研究[J].
轻工学报,2016,31(01):29-34.

[9]秦令祥,周婧琦,崔胜文,等. 超声波协同复合酶法提取香菇多糖的工艺优化[J]. 食
品研究与开发, 2018,39(19):63-67.

[10]王洪伟,崔崇士,徐雅琴. 南瓜多糖复合酶法提取及纯化的研究[J]. 食品科学, 2007
(08):247-249.

[11]李永裕,陈建烟,关夏玉,等. 微波前处理-热水浸提技术提取余甘多糖工艺的优化
[J]. 中国食品学报, 2011,11(01):106-111.

[12]莫开菊,谢笔均,汪兴平,等. 葛仙米多糖的提取、分离与纯化技术研究[J]. 食品科
学, 2004(10):103-108.

[13]俞明君,李苗苗,王金浩,等.杏鲍菇水溶性和碱溶性多糖提取工艺研究[J].食用菌,2017,39(06):78-80.

[14]张斌,张璐,李沙沙,等.均匀设计法研究甘蔗渣多糖提取的最佳脱脂工艺[J].时珍国医国药,2012,23(07):1713-1714.

[15]徐丹鸿,冯晓阳.酸浆果多糖活性炭脱色工艺研究[J].现代农业科技,2017(15):248-249+257.

[16]陈健,耿安静,徐晓飞.香菇多糖的过氧化氢脱色工艺研究[J].食品工业科技,2010,31(03):293-295.

[17]夏泉,刘钢,葛朝亮,等.Sevag法去除黄芪粗多糖中蛋白质成分的研究[J].安徽医药,2007(12):1069-1071.

[18]李璐,梁莉,李全宏.南瓜多糖的分级醇沉与抗氧化活性研究[J].食品工业,2018,39(05):223-226.

[19]何伟珍,吴丽仙.银耳多糖的提取分离与纯化[J].海峡药学,2008(07):33-35.

[20]唐仕荣,巫永华,刘恩岐,等.枸杞多糖的提取分级及其氧自由基清除能力分析[J].食品科技,2018,43(10):251-256.

[21]闻志莹,蔡为荣,许永,等.香椿子多糖脱蛋白脱色工艺及其体外抗凝血活性研究[J].安徽工程大学学报,2020,35(01):26-33.

[22] SHI Y Y, LIU T T, HAN Y, et al. An efficient method for decoloration of polysaccharides from the sprouts of Toona sinensis (A. Juss.) Roem by anion exchange macroporous resins[J]. Food Chemistry, 2017,217:235-237.

[23]钟宁,高海青,朱媛媛,等.长期使用低分子量肝素对老年急性冠脉综合征病人凝血、纤溶和抗凝系统的影响[J].中国老年学杂志,2004(05):398-399.

[24]刘兆英,魏延津.低分子量肝素对高龄不稳定型心绞痛患者凝血、纤溶和抗凝指标的影响[J].心脏杂志,2004(02):146-148.

[25]张占军,王富花,曾晓雄.薤白多糖体外抗氧化活性及其对小鼠急性肝损伤的保护作用研究[J].现代食品科技,2014,30(01):1-6.

[26]宋晓琳,沈明花.花脸蘑多糖对小鼠急性肝损伤的保护作用[J].食品科技,2011,36(07):49-50+54.

第六章　香椿抗菌类组分制备及其活性功能研究

　　民以食为天,食以安为先。食品安全问题不仅危害人们身体健康和生命安全,而且影响农产品国际竞争力的提高和国际贸易发展。由于食品在收获、储藏、加工和运输过程中极易腐败变质,其中微生物污染是最主要的原因。一直以来防治微生物主要采用化学防腐剂或抗生素,但由于高残留、高毒性、抗药性等问题对人类安全存在隐患,已不能满足食品工业发展的需求。在人们保护环境、崇尚自然以及关注食品安全的新常态下,从动植物以及微生物源获取具有广谱、高效、低毒的天然抗菌物质,用于食品防腐保鲜成为食品科学领域的研究热点。

　　香椿属于楝科香椿属植物,是我国特有的集材、菜、药为一体的珍贵木本植物,不但色香味俱佳,且因富含黄酮、萜类、生物碱、皂苷等多种生物活性成分而具有较高的药用价值及医疗保健作用。香椿在生长过程中抗逆性极强,极少发生病虫害,是名副其实的绿色无公害蔬菜。从古代民间一直流传着"常食椿巅(椿芽),百病不沾,万寿无边"的说法,明代李时珍则在《本草纲目》中明确指出了"香椿叶苦、温煮水洗疮疥风疽,消风去毒"的保健医药功效。中医在古代就发现香椿煎剂对金黄色葡萄球菌、肺炎双球菌、甲型副伤寒杆菌、伤寒杆菌、费氏痢疾杆菌等致病菌,均有不同程度的抑制和杀灭作用。朱育凤、田迪英等的研究表明香椿皮的水提取物及茎叶浸出汁对金黄色葡萄球菌、绿脓杆菌、大肠杆菌及枯草芽孢杆菌都有一定的抑杀作用。欧阳杰等采用琼脂扩散法对香椿嫩芽和老叶萃取物的抗菌活性进行了研究,结果显示嫩芽萃取物的抗菌活性明显高于老叶萃取物,香椿叶的抑菌活性随着生长时间延长而逐渐降低。禄文林等采用抑菌圈法研究香椿皂苷的抑菌浓度及效果,结果表明香椿老叶中含有的香椿皂苷对大肠杆菌、变形杆菌、产气杆菌都具有一定的抑菌作用。另外,香椿叶精油含倍半萜烯,对甲氧西林敏感及抗性金黄色葡萄球菌有较好的抑菌效果。大量的科学研究表明,香椿具有较好的抗细菌活性,且我国具有丰富的香椿资源,研究开发香椿抗菌组分很有意义。

　　药用植物中有效成分是其发挥功效的物质基础,其含量与植物的生长区域、采摘季节、植物的部位、加工储存条件以及气候环境的变化等均有关。药用植物一般具有多种临床用途,在寻找其有效成分时应该先确定寻找目标,也就是明确寻找其中某种疗效的有效成分,再通过提取、分离纯化和相应的体外、体内模型筛选以及临床验证,反复实践才能达到目的。

第一节　香椿植株不同部位抗菌活性筛选

目前对香椿抑菌活性方面的研究多以香椿叶为主要研究对象,对于其枝条、树皮、根、籽等其他部位的研究相对较少,使得香椿整株的资源利用率不高。对香椿植株不同部位进行提取,开展抗菌活性筛选,了解香椿植物不同部位所含抗菌活性成分的差异,从而为香椿资源的可持续利用提供科学依据。

分别采集香椿嫩茎、香椿嫩叶、香椿皮、香椿子、香椿树根材料,低温烘干,粉碎后采用溶剂萃取获得抗菌有效成分。溶剂萃取工艺条件:分别精密称取 10 g 香椿嫩茎叶、香椿皮、香椿子、香椿树根粉,加入 70% 乙醇用磁力搅拌器恒温搅拌水浴提取 60 min[料液比(g/mL)1:20,温度 60 ℃,转速 1 000 r/min],抽滤并重复提取两次,合并滤液,旋转蒸发,得到总提物。

对香椿不同部位的提取物测定抗菌活性,结果(表 6-1)显示:香椿嫩茎叶为全植株活性最高部位,选其作为抗菌有效成分的提取材料;香椿提取物对欧文氏菌和茄科雷尔氏菌抑菌活性最强,其次为金黄色葡萄球菌、水稻白叶枯病菌,对大肠杆菌作用较弱,对野油菜黄单胞菌没有抑制作用。

表 6-1　香椿植物不同部位的抗菌活性测定

样品名/ 香椿不同部位	抑菌圈直径/mm					
	欧文氏菌	茄科雷尔 氏菌	野油菜黄 单胞菌	水稻白叶 枯病菌	金黄色葡 萄球菌	大肠杆菌
嫩茎	19.13	28.50	—	17.50	21.05	9.10
嫩叶	21.70	33.00	—	21.05	24.50	11.50
籽	—	18.08	—	—	—	—
树皮	11.75	—	—	—	—	—
树根	12.50	10.05	—	—	—	—
链霉素(1 mg/mL)	21.79	21.82	—	13.18	18.41	13.90

注:样品作用浓度为 50 mg/mL;"—"表示为 0。

第二节　香椿抗菌组分的提取技术

植物抗菌活性物质的提取方法很多,溶剂提取法是最常用的方法。溶剂提取是根据原料中被提取成分的极性、共存杂质的理化特性,利用相似相溶的原理,使目标物质从原料固体表面或组织内部向溶剂中转移,从而达到提取的目的。该法不需特殊仪器,技术较成熟,在植物抗菌活性物质的提取上已经得到普遍应用。溶剂提取法虽简便易行,但也存在一定的局限性,如耗时长、提取率较低等。随着科学技术的发展,超声波提取、微波提取、酶法提取、超临界流体提取等新的提取技术也逐步应用到植物抗菌活性物质的提取,大大提高了提取效率。

一、不同溶剂萃取香椿抗菌活性比较

精密称取 10 g 香椿嫩茎叶粉,分别采用不同溶剂包括乙醇、甲醇、乙酸乙酯、丙酮、石油醚、氯仿、二氯甲烷超声辅助水浴提取 60 min,料液比(g/mL)1∶20,抽滤并重复提取两次,合并滤液,减压浓缩得到提取物。

对香椿嫩茎叶采用不同溶剂提取,实验结果如表 6-2 所示,从有效成分得率可以看出,甲醇提取率最高,但溶剂本身毒性大,其次为乙醇及氯仿。提取物浓度为 50 mg/mL 时,以欧文氏菌为作用靶标菌株,抗菌活性试验显示乙醇提取物、乙酸乙酯提取物及丙酮提取物都表现出一定的抗菌活性,其中乙醇提取物抗菌活性最好。综合得率及抗菌活性试验结果,并通过浓度筛选实验,选定 70%乙醇为最适提取溶剂。

表 6-2 不同溶剂提取比较

提取溶剂	水	甲醇	乙醇	乙酸乙酯	石油醚	氯仿	丙酮	二氯甲烷
得率	8.9%	14.6%	6.5%	4.8%	2.7%	6.0%	4.9%	4.2%
抑菌圈直径/mm	8.0	—	13.5	12.0	—	—	7.5	

注:"—"表示无抑菌活性。

二、不同提取方法香椿抗菌活性比较

以活性成分分离为目的的提取,传统提取多采用溶剂浸提技术、水蒸气蒸馏等化学方法,但这类提取方法费溶剂、耗时长、提取率低,并且水蒸气蒸馏法仅适合随着水蒸气蒸馏而不被破坏的有效成分的提取。而近年来发展和完善起来的一些新的提取技术和方法(如微波辅助萃取、超声辅助提取、酶分离提取技术等)在天然产物提取中也获得日益广泛的应用。与传统提取方法相比,超声辅助提取技术无须高温,通常在 40~50 ℃温度下进行,不会造成热不稳定性成分的破坏;此外常压萃取,安全性好,操作简单易行,萃取效率高。超声波破坏是一个物理过程,浸提过程中无化学反应,被浸提的生物活性物质可保持活性不变,同时提高了破碎速度,缩短了破碎时间,可极大地提高提取效率。达到同样的萃取效果,超声辅助提取所需的时间仅是传统溶剂提取法的三分之一甚至更短。而微波辅助萃取法是利用微波加热的特性来对物料中目标成分进行强化提取的方法,具有选择性高、操作时间短、溶剂耗量少、有效成分得率高的特点,但是适用范围也受到一定限制,富含挥发性成分或热敏性成分的样品不适合此方法,此外富含淀粉、树胶的植物样品同样不适合采用微波提取,因微波容易造成淀粉、树胶等变性或糊化而堵塞通道,不利于细胞内成分向外释放。

以香椿嫩茎叶为原料,分别采用传统有机溶剂提取、超声辅助提取、微波辅助提取、索氏提取法进行抗菌有效成分的提取富集,通过比较分析有效成分得率、主要活性物质含量以及抗菌活性差异,优选出最适合香椿抗菌活性组分制备的提取技术。不同提取方法(见表 6-3)具体工艺参数如下:

有机溶剂提取法:称取 50 g 香椿粉,溶剂为 70%乙醇,料液比(g/mL)为 1∶20,用集热式恒温加热磁力搅拌器搅拌浸提,温度 60 ℃,转速 1 000 r/min,时间 6 h,抽滤并重复提取两次,合并滤液,减压浓缩得到总提物。

超声辅助提取法:称取 50 g 香椿粉,溶剂为 70% 乙醇,料液比(g/mL)为 1∶20,超声功率为 60%(约 180 W),温度 60 ℃,时间 40 min,抽滤并重复提取两次,合并滤液,减压浓缩得到总提物。

微波辅助提取法:称取 50 g 香椿粉,溶剂为 70% 乙醇,料液比(g/mL)为 1∶20,微波提取设备功率 500 W,温度 60 ℃,时间 20 min,抽滤并重复提取两次,合并滤液,减压浓缩得到总提物。

索氏提取法:称取 50 g 香椿粉,70% 乙醇浸泡 24 h,用索氏提取器进行回流提取,温度 100 ℃,回流时间约 3 h,至提取管中液体颜色变得极浅为止,收集滤液,减压浓缩得到总提物。

表 6-3　不同提取方法比较

提取方法	提取物质量/g	得率	抑菌圈直径/mm
有机溶剂提取	20.99	41.97%	13.5
超声辅助提取	17.71	35.42%	14.1
微波辅助提取	19.41	38.82%	13.8
索氏提取	13.24	26.48%	8.5

由表 6-3 可知,溶剂提取法得率最高,但耗时长;微波辅助提取法得率仅次于溶剂提取法,而且微波法操作简单,耗时短,绿色节能;超声提取法得率不如前两种,但可以加快提取速率,并有效避免高温对有效成分的破坏;索氏提取法具有操作简单、节省溶剂的特点,但由于在较高温度下提取,容易引起植物中热不稳定成分发生变化,提取率较低。提取物浓度为 50 mg/mL 时,以欧文氏菌为作用靶标菌株,抗菌活性试验显示超声辅助提取、微波辅助提取与有机溶剂提取方法对香椿抗菌活性没有明显差异,而索氏提取法制备得到的香椿有效成分抗菌活性显著降低,提示高温下提取有些抗菌活性成分不稳定,可能遭到破坏或者发生变化,不利于抗菌组分的制备。

针对香椿样品中主要的活性成分如总多酚、总黄酮、总皂苷、总生物碱进行含量测定,总多酚以没食子酸为标准品,采用福林酚法测定总多酚含量,总多酚含量测定标准曲线方程为 $y = 3.969x + 0.0502$ ($R^2 = 0.999$);总皂苷以人参皂苷为标准品,采用香草醛-冰乙酸比色法测定总皂苷含量,总皂苷含量测定标准曲线方程为 $y = 3.935x - 0.0365$ ($R^2 = 0.993$);总黄酮以芦丁为标准品,采用硝酸铝显色法测定总黄酮含量,总黄酮含量测定标准曲线方程为 $y = 2.153x + 0.0158$ ($R^2 = 0.992$);总生物碱以盐酸小檗碱为标准品,用分光光度法测定总生物碱含量,总生物碱含量测定标准曲线方程为 $y = 62.625x - 0.0086$ ($R^2 = 0.989$)。

主要活性成分含量如表 6-4 所示,对于多酚类活性物质而言,微波提取法多酚含量最高,为 69.9 mg/g;超声提取法次之,为 68.9 mg/g;而索氏提取法多酚含量最低,为 59.6 mg/g。分析原因:有些多酚类物质在高温条件下易被氧化成醌类物质,含量有所降低。由此可知,提取香椿多酚类物质,对此类物质进行功效研究(如抗氧化、降血糖等活性),微波提取法和超声提取法因高效性、得率高等优点成为理想的提取方法。

表 6-4 不同提取方法主要活性成分含量比较 （单位：mg/g）

提取方法	多酚含量	皂苷含量	黄酮含量	生物碱含量
有机溶剂提取	63.0	77.0	41.3	24.3
超声提取	68.9	102	45.2	31.3
微波提取	69.9	109	53.7	35.8
索氏提取	59.6	111	40.0	28.4

对于黄酮类物质而言，微波提取物中总黄酮含量最高，为 53.7 mg/g；超声提取法次之，为 45.2 mg/g；而索氏提取物中黄酮含量最低，为 40.0 mg/g，索氏提取法需要加热，而长时间的热处理黄酮含量会因降解而降低，此实验结果对香椿黄酮类物质的研究提供了理论参考。

索氏提取法提取出来的产品中皂苷含量最高，为 111 mg/g；微波提取法次之，为 109 mg/g；而有机溶剂提取法提取物中皂苷含量最低，为 77.0 mg/g，分析原因可能是皂苷的热稳定性好，索氏提取法在加热的条件下利于皂苷的溶出，而传统的溶剂提取法不进行加热也没有借助其他机械力，不利于皂苷的溶出，效果最差。

微波提取法提取出来的产品中总生物碱含量最高，为 35.8 mg/g；超声提取法次之，为 31.3 mg/g；而索氏提取和有机溶剂提取得到的总生物碱含量较低，分别为 28.4 mg/g 和 24.3 mg/g。

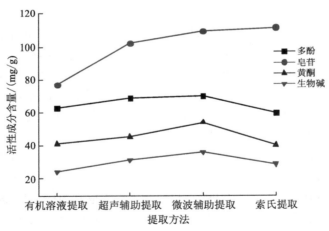

图 6-1 不同提取方法香椿主要活性成分含量

通过比较分析了不同提取方法（图 6-1）对香椿嫩芽叶主要活性成分含量的差异，可以看出微波辅助提取和超声辅助提取技术可以大大缩短提取时间，加快提取效率，并有效避免高温对有效成分的破坏，是香椿有效成分较理想的提取方法。综合以上香椿有效成分得率、主要活性成分含量以及抗菌活性测定结果，可以看出微波辅助提取与超声辅助提取技术是制备香椿抗菌活性组分较为理想的技术手段，而基于操作温度及便捷快速考虑，选择超声辅助提取技术作为香椿抗菌组分提取制备的首选技术手段。

三、香椿抗菌活性成分超声辅助提取工艺优化

以超声辅助提取为香椿抗菌活性成分的最佳提取方法,通过进一步单因素及正交试验对提取工艺后进行优化。

(一)超声辅助提取工艺

新鲜香椿用烘箱 55 ℃烘干,粉碎,称取 5 g,溶剂为 60%乙醇,料液比(g/mL)为 1:20,超声功率为 60%(约 180 W),温度 60 ℃,时间 40 min,重复提取两次,合并滤液,减压浓缩除去乙醇溶剂,冷冻干燥得到粉末状粗提物。

(二)提取条件单因素试验

以香椿活性物质得率为评价指标,选择料液比、超声功率、提取温度、超声时间进行单因素试验,实验设计见表 6-5。

表 6-5　单因素试验

因素	水平
料液比(g/mL)	10、20、30、40、50
超声功率/W	150、180、210、240、270
提取温度/ ℃	30、40、50、60、70
超声时间/min	10、20、30、40、50、60

1.料液比对活性物质得率的影响

由图 6-2 可知,当料液比低于 30 倍时,随着料液比的增加,得率逐渐提高;当料液比高于 30 倍时,随着料液比的增加,得率有所下降。因此,选择 30 倍为最佳料液比。

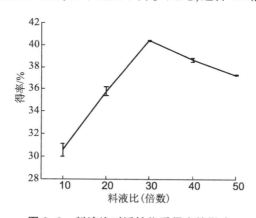

图 6-2　料液比对活性物质得率的影响

2.超声功率对活性物质得率的影响

由图 6-3 可知,超声功率过高或过低均会影响活性物质的提取得率。当微波功率为 210 W 时得率达到最高,故选择 210 W 为最佳超声功率。

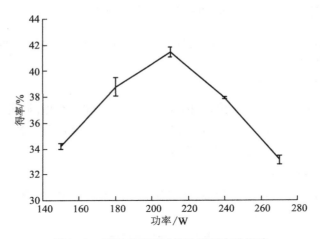

图6-3 超声功率对活性物质得率的影响

3.提取温度对活性物质得率的影响

由图6-4可以看出,随着提取温度的升高,活性物质的得率逐渐升高,但当温度高于50 ℃时,活性物质得率随着温度的升高而降低,因此选择50 ℃为最佳提取温度。

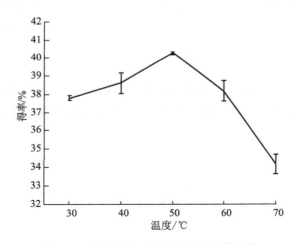

图6-4 提取温度对活性物质得率的影响

4.超声时间对活性物质得率的影响

由图6-5可以看出,随着超声处理时间的增加,活性物质的得率逐渐升高,当超声时间为30 min时活性物质得率达到最高,而后随着超声时间增加逐渐趋于平衡略有下降,故选择30 min为最佳超声处理时间。

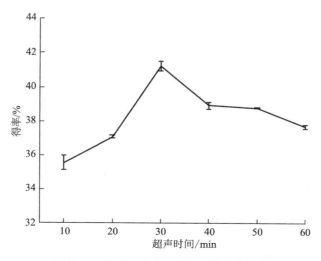

图 6-5　超声时间对活性物质得率的影响

（三）提取工艺正交优化

根据单因素试验结果设计正交试验,选择提取工艺中 4 个影响活性物质提取率的因素:A 料液比(表 6-6 至表 6-8 中以溶剂体积形式表示)、B 超声功率、C 提取温度、D 超声时间,采用正交设计实验方法,每个因素选取 3 个水平,以 $L_9(3^4)$ 正交表安排实验,选出最优提取工艺条件,正交试验因素及水平设计见表 6-6。

表 6-6　实验因素及水平

水平	因素			
	A 溶剂体积/倍	B 超声功率/W	C 提取温度/ ℃	D 超声时间/min
1	20	180	40	20
2	30	210	50	30
3	40	240	55	40

提取工艺优化实验设计及其结果见表 6-7,根据极差 R 值可知,活性物质得率的影响因子主次顺序依次为 D>A>B>C,即对得率影响最大的因子是超声时间,其次是料液比、超声功率、提取温度。根据试验结果和 K 值得到的最佳提取工艺:$A_2B_1C_3D_3$,即料液比(g/mL)1:30,超声功率 180 W,提取温度 55 ℃,超声时间 40 min 条件下,香椿活性物质的得率最高。

对提取工艺优化实验方差分析,结果如表 6-8 所示,可知方差分析和极差分析结果一致,即活性物质得率的影响因子主次顺序依次:提取温度>料液比>超声功率>超声时间。在实验误差范围内,料液比和超声时间对活性物质得率有显著性影响($P<0.05$),超声功率和提取温度对活性物质得率的影响不显著($P>0.05$)。

表6-7　正交试验设计与结果

试验编号	A 溶剂体积/倍	B 超声功率/W	C 提取温度/℃	D 超声时间/min	活性物质 得率
1	1	1	1	1	31.43%
2	1	2	2	2	34.3%
3	1	3	3	3	37.9%
4	2	1	2	3	43.05%
5	2	2	3	1	35.211%
6	2	3	1	2	40.83%
7	3	1	3	2	40.26%
8	3	2	1	3	38.59%
9	3	3	2	1	36.6%
K1	34.54	38.25	36.95	34.08	
K2	39.70	36.0	37.65	38.46	
K3	38.15	38.110	37.79	39.85	
极差 R	5.15	2.21	0.84	5.77	

表6-8　正交试验结果方差分析

方差来源	偏差平方和	自由度	F 值	P	显著性
A	43.553	2	24.05	0.040	*
B	10.746	2	5.93	0.144	
C	47.837	2	26.42	0.036	*
D（误差）	1.811	2			
合计	30.098	8			

注："＊"表示 $P<0.05$,有显著性差异。

按照提取条件 $A_2B_1C_3D_3$ 的最佳工艺,即料液比(g/mL)1:30,超声功率180 W,提取温度55 ℃,超声时间40 min 进行试验,在此条件下活性物质得率为44.86%。为验证该方法的可靠性,同批测定正交试验中最优组 $A_2B_1C_3D_3$,即料液比(g/mL)1:30,超声功率180 W,提取温度50 ℃,超声时间40 min 条件下,活性物质的平均得率为43.35%,显示出最佳提取工艺条件的优越性,进而验证了采用正交试验对香椿活性物质提取条件参数进行优化的可行性。

第三节　香椿抗菌组分的分离纯化技术

天然活性物质的分离纯化方法很多,主要包括经典的蒸馏、结晶、沉淀、萃取和现代的色谱法等,经典的分离方法主要是利用天然产物的挥发、结晶、溶解等自身的物理特性,而现代色谱分离方法则是利用天然产物与色谱分离材料之间相互作用的特性。植物粗提物中的活性物质比较复杂,采用单一的分离方法通常不能获得理想效果,研究中往往

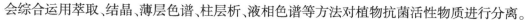

会综合运用萃取、结晶、薄层色谱、柱层析、液相色谱等方法对植物抗菌活性物质进行分离。

香椿抗菌活性成分采用不同极性溶剂对粗提物进行分相萃取,测定各萃取部位的抗菌活性,选取高活性部位运用聚酰胺树脂层析、硅胶柱层析方法等分离纯化技术,以抗菌活性追踪其抗菌组分。

一、不同极性有机溶剂萃取纯化

将70%乙醇提取得到的香椿嫩茎叶粗提物用少量去离子水溶解,加入硅藻土搅拌,40 ℃烘干,依次用甲醇、乙酸乙酯、石油醚进行等体积萃取,每种溶剂均萃取3次,每次30 min,合并相同溶剂萃取液,在45 ℃下减压浓缩除去有机溶剂后冻干,即得到石油醚部位、乙酸乙酯部位、甲醇部位,测定各萃取段对6株供试细菌的抗菌活性(见表6-9)。实验结果显示:石油醚萃取部位无抑菌作用,甲醇和乙酸乙酯萃取部位表现较好的活性,尤其是乙酸乙酯萃取段,样品浓度为50 mg/mL时,其抑菌活性明显高于阳性对照10 mg/mL链霉素,因此选取乙酸乙酯段和甲醇段作为进一步分离纯化的目标对象。

表6-9　香椿嫩茎叶萃取段抗菌活性测定

极性部位	抑菌圈直径/mm					
	欧文氏菌	茄科雷尔氏菌	野油菜黄单胞菌	水稻白叶枯病菌	金黄色葡萄球菌	大肠杆菌
乙酸乙酯部	>40.0	>40.0	—	20.1	24.5	13.5
甲醇部	>40.0	>40.0	—	10.5	9.0	8.5
石油醚部	—	—	—	—	—	—
链霉素(10 mg/mL)	25.7	33.5	—	23.4	24.7	18.2

注:样品作用浓度为50 mg/mL;"-"表示无抑菌活性。

二、聚酰胺树脂纯化

聚酰胺树脂预处理,装柱:柱径45 mm,高26 mm;取10 g香椿嫩茎叶乙酸乙酯萃取部位溶于50%乙醇中,过滤后上聚酰胺树脂柱进行分离纯化,依次以水、10%乙醇,20%乙醇,30%乙醇,50%乙醇,70%乙醇,90%乙醇,纯乙醇,氯仿:甲醇(1:1)进行梯度洗脱,收集馏分。对收集馏分通过TLC薄层展开进行合并,展开剂为三氯甲烷:甲醇=3:2,收集得到5个组分段,每管定量到10 mL体积,抗菌活性测定结果见表6-10。由抗菌活性测定结果可以看出,聚酰胺树脂柱层析能够有效除去香椿嫩茎叶粗提物中的杂质,主要活性物质得到进一步富集。

表6-10　聚酰胺树脂纯化段抗菌活性测定

抑菌圈直径/mm	1段	2段	3段	4段	5段	链霉素(1 mg/mL)
欧文氏菌	21.7	19.13	13.8	12.14	12.6	21.79
茄科雷尔氏菌	18.1	16.83	17.6	10.55	—	21.82

续表 6-10

抑菌圈直径/mm	1 段	2 段	3 段	4 段	5 段	链霉素（1 mg/mL）
野油菜黄单胞菌	—	—	—	—	—	—
水稻白叶枯病菌	15.47	11.13	—	—	16.59	13.18
金黄色葡萄球菌	10.67	13.04	—	—	—	18.41
大肠杆菌	15.10	—	—	—	—	13.90

注："—"表示无抑菌活性。

三、硅胶柱层析纯化

将上步经过聚酰胺树脂纯化后的乙酸乙酯部位通过硅胶柱层析进一步分离纯化，采用两级柱层析。一级柱层析条件：柱径为 46 mm；柱高为 40 cm；固定相为 200~300 硅胶；流动相为石油醚-乙酸乙酯（100:0、95:5、90:10、85:15、80:20、70:30、65:35、60:40、50:50、40:60、30:70、20:80、0:100），乙酸乙酯-甲醇（80:20、50:50、20:80、0:100），甲醇清柱；上样量 4.68 g，溶于 50 mL 乙酸乙酯中，10 g 200~300 目硅胶拌样，36 ℃烘干至粉末。流速 10 mL/min，梯度洗脱，共收集 16 瓶组分，每瓶收集 200 mL，浓缩定量至 5 mL，测定抗菌活性。薄层 TLC 点板检测合并相同的馏分并测定抗菌活性。

根据 TLC 薄层展开结果（图 6-6）进行馏分合并，共合并得到 3 个馏分段 F1-4、F5-6、F7-16。测定收集的 16 个组分对病原细菌的抗菌活性，结果见表 6-11。结合 TLC 薄层展开及抗菌活性测定结果可以看出：馏分段 F5-6 主要物质成分浓度较高，抗菌活性较好，将其合并浓缩进一步分离纯化。

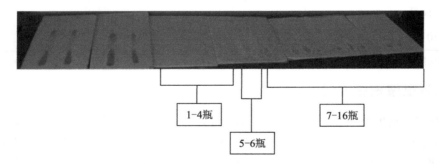

图 6-6　乙酸乙酯萃取段一级柱层析 TLC 薄层层析

表 6-11　乙酸乙酯段一级柱层析收集组分抗菌活性测定

抑菌圈直径/mm	3	4	5	6	7	8	9	10	12	14
欧文氏菌	12.55	—	21.16	19.27	—	11.16	10.54	—	15.0	12.57
茄科雷尔氏菌	18.73	14.36	20.89	16.13	—	16.30	13.0	18.76	12.44	13.17
水稻白叶枯病菌	—	11.13	19.52	13.06	—	16.23	—	—	—	—
金黄色葡萄球菌	—	—	12.98	14.98	—	—	—	—	—	—
大肠杆菌	—	—	—	13.77	11.89	—	—	—	—	—

注："—"表示无抑菌活性。

将一级柱层析馏分段 F5-6 进行二次柱层析,二级柱层析条件:柱径为 30 mm;柱高为 15 cm;固定相为 200~300 硅胶;流动相为乙酸乙酯:甲醇=1:20,甲醇清柱;上样量 3.56 g,溶于 50 mL 乙酸乙酯中,10 g 200~300 目硅胶拌样,36 ℃ 烘干至粉末。流速 10 mL/min,梯度洗脱,共收集 31 支试管,经薄层 TLC 点板检测,得到主要活性成分 S1,经 TLC 及 HPLC 检测(图 6-7),纯度达到 95%以上。由于活性成分 S1 量极少,只测定了其对主要活性靶标茄科雷尔氏菌的抗菌活性,抗菌结果见图 6-8 和表 6-12。

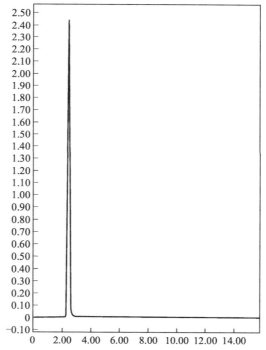

图 6-7　乙酸乙酯萃取段二级柱层析 TLC 及 HPLC 检测

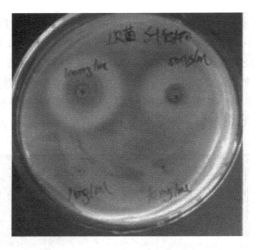

图 6-8　活性成分 S1 平板抗菌活性实验结果

表 6-12　活性成分 S1 抗菌活性测定

抑菌圈直径	S1 浓度/(mg/mL)				链霉素/(mg/mL)
/mm	100	50	10	1	0.1
茄科雷尔氏菌	18.13	12.63	—	—	12.28

注:"—"表示无抑菌活性。

将上步得到的甲醇萃取部位通过硅胶柱层析进一步分离纯化,柱层析条件:柱径为 50 mm,柱高为 28 cm,干法装柱,以石油醚-乙酸乙酯-甲醇体系进行梯度洗脱。上样量 4.5 g,溶于 50 mL 甲醇中,10 g 200~300 目硅胶拌样,36 ℃烘干至粉末。流速10 mL/min,梯度洗脱,共收集 20 瓶组分,每瓶收集 200 mL,浓缩定量至 5 mL,薄层 TLC 点板检测合并相同的馏分并测定抗菌活性。根据 TLC 薄层展开结果(图 6-9)以及抑菌活性实验结果(表 6-13)可以看出,F11—16 段主要物质成分浓度较高,对 3 株靶标病原菌的抗菌活性较强,将其作为高活性组分进行合并浓缩。

图 6-9　甲醇段 TLC 薄层层析及平板抗菌活性实验结果

表 6-13　甲醇段收集组分抗菌活性测定

抑菌圈直径/mm	1	2	3	9	10	11	12
欧文氏菌	15.02	—	—	12.75	—	9.2	23.15
茄科雷尔氏菌	23.25	11.53	—	17.01	12.44	11.39	22.67
水稻白叶枯病菌	20.07	16.89	11.50	10.59	—	18.67	19.5

续表

抑菌圈直径/mm	1	2	3	9	10	11	12
抑菌圈直径/mm	13	14	15	16	18	19	20
欧文氏菌	24.9	22.02	—	12.49	11.42	12.25	8.9
茄科雷尔氏菌	26.77	18.06	16.63	15.19	—	—	—
水稻白叶枯病菌	23.6	23.5	25.3	20.88	14.10	14.23	—

注:"—"表示无抑菌活性。

第四节　香椿抗菌组分的活性评价

实验可供选择的病原细菌种类很多,本研究中主要选用大肠杆菌、金黄色葡萄球菌、软腐欧文氏菌、茄科雷尔氏菌、水稻白叶枯病菌、野油菜黄单胞菌等病原细菌作为香椿抗菌活性研究的靶标作用对象。这些细菌均为在农业生产、食品加工中危害较大的,常常造成感染的菌种。大肠杆菌是人和许多动物肠道中最主要且数量最多的细菌,主要寄生在大肠内,它侵入人体某些部位后,可引起感染,如腹膜炎、胆囊炎、膀胱炎以及腹泻等,人感染大肠杆菌后的症状有胃痛、呕吐、腹泻和发热,感染严重甚至是致命性的,尤其对老人和孩子。如果水中大肠杆菌超标,饮用则会造成腹泻、痢疾等病症,并且对家畜家禽危害也较大。金黄色葡萄球菌是一种常见的食源性致病微生物,常寄生于人和动物的皮肤、鼻腔、咽喉、肠胃、痈、化脓疮口中,空气、污水等环境中也无处不在。金黄色葡萄球菌在适当的条件下,能够产生肠毒素,引起食物中毒,由金黄色葡萄球菌引起的食物中毒占食源性微生物食物中毒事件的 25% 左右。软腐欧文氏菌、茄科雷尔氏菌、水稻白叶枯病菌、野油菜黄单胞菌等植物细菌性病害在世界范围内广泛存在,寄主范围广泛,可侵染包括白菜、辣椒、土豆等重要粮食及经济作物,并且这类病害不仅可以发生在田间作物生长阶段,在收获后运输、储存或加工销售环节均可发生。

一、抑菌活性筛选

以软腐欧文氏菌、茄科雷尔氏菌、水稻白叶枯病菌、野油菜黄单胞菌、金黄色葡萄球菌、大肠杆菌为供试菌株,对香椿抗菌活性进行筛选。

(一)香椿抑制病原细菌作用靶标筛选

通过 96 孔板快速显色方法对香椿提取物对不同病原细菌的抗菌活性进行筛选,具体做法:将 96 孔培养板留出第一列作对照,分别做空白对照 2 孔,阳性对照 4 孔和阴性对照 4 孔。空白对照孔加入 200 μL 液体培养基;阳性对照孔加入 198 μL 的指示菌培养液和 2 μL 链霉素溶液(浓度为 1 mg/mL);阴性对照孔加入 198 μL 的指示菌培养液和 2 μL 的 70%乙醇溶剂或 DMSO;其余每孔加入 198 μL 的指示菌培养液和 2 μL 的提取物样品溶液(100 mg/mL)。每个样品做三个平行,25 ℃培养 18 h 后,加入配制好的 INT 5 μL,

2 h后观察染色变化,通过加入染色剂后颜色变化来判断供试植物提取液样品是否具有抗菌活性。

结果发现香椿对8种供试病原细菌表现出不同程度的抗菌能力(表6-14)。香椿提取物对除了豪氏变形杆菌外的其余7种病原细菌均具有抑制作用,尤其是对软腐欧文氏菌、茄科雷尔氏菌和水稻白叶枯病菌抑制作用较强,可以选择其作为抗菌活性追踪测定的靶标指示菌。

表6-14　香椿提取物对病原细菌的作用靶标筛选

靶标指示菌	供试样品	
	香椿提取物	链霉素 1 mg/mL
大肠杆菌	+	++
金黄色葡萄球菌	+	++
软腐欧文氏菌	++	++
茄科雷尔氏菌	++	++
水稻白叶枯病菌	++	+
豪氏变形杆菌	×	++
铜绿假单胞菌	++	++
野油菜黄单胞菌	++	++

注:++表示较强抗菌活性;+表示弱抗菌活性;×表示无抗菌活性。

(二)香椿抑制病原细菌活性测定

采用牛津杯法测定样品对供试细菌的抗菌活性,具体做法:先将已灭菌的固体培养基倒入培养皿中,凝固后涂布已活化的菌悬液,待表面晾干后在每个培养皿的培养基表面轻轻放置灭菌牛津杯(6×10 mm),每培养皿放置 3 个,牛津杯之间的距离相等。然后在每个牛津杯中加入供试样品液 0.2 mL,阳性对照为链霉素(1 mg/mL),空白对照为供试样品溶解所用溶剂(70%乙醇或 DMSO),置于 28/30 ℃的恒温箱中过夜培养 16~18 h,每组做三组平行试验,次日观察抑菌情况,采用"十字"交叉法测量抑菌圈直径,求得平均值即为药品对靶标细菌的抑菌圈直径。

抑菌圈(DIZ)测定实验的判定标准如表6-15所示:抑菌圈直径≥20 mm 为极敏;抑菌圈直径 15~20 mm 为高敏;抑菌圈直径 10~14 mm 为中敏;抑菌圈直径 6~10 mm 为低敏;抑菌圈直径在 6 mm 以下为不敏感。

表6-15 抑菌效果判断标准

抑菌圈直径/mm	敏感度
≥20	极敏
15~20	高敏
10~14	中敏
6~10	低敏
≤6	不敏感

注:牛津杯直径为6 mm,抑菌圈≤6 mm,表示药物没有任何抑菌活性

由表6-16可知,香椿提取物对软腐欧文氏菌和水稻白叶枯病菌的抑菌作用较强,为极高度敏感,对茄科雷尔氏菌、铜绿假单胞菌和野油菜黄单胞菌的抑菌圈直径大于15 mm,为高度敏感,对金黄色葡萄球菌和大肠杆菌的抑制作用较弱,为中度敏感,对豪氏变形杆菌无明显抑制作用。

表6-16 香椿提取物对病原菌的抑菌活性

菌种	香椿提取物	链霉素 1 mg/mL
大肠杆菌	12.17	15.77
金黄色葡萄球菌	10.25	18.41
软腐欧文氏菌	20.81	21.79
茄科雷尔氏菌	19.08	21.82
水稻白叶枯病菌	20.39	13.18
豪氏变形杆菌	—	19.15
铜绿假单胞菌	19.48	18.57
野油菜黄单胞菌	16.59	19.28

注:"—"表示无抑菌活性。

(三)不同产地香椿抗菌活性筛选

选取不同产地的香椿为试验材料,针对不同的抗菌活性靶标菌株,对抗菌活性材料进行筛选。

结果见表6-17,河南桐柏和河南原阳采摘的香椿样品,表现出了较好的抗菌活性,尤其是对软腐欧文氏菌和茄科雷尔氏菌。

表6-17　不同产地香椿抗菌活性测定(抑菌圈直径/mm)

菌种	山西运城	山东淄博	河南桐柏	河南原阳	河南中牟	链霉素 1 mg/mL
水稻白叶枯病菌	10.18	10.71	11.51	12.76	—	21.79
野油菜黄单胞菌	8.87	11.05	11.52	10.60	—	21.82
软腐欧文氏菌	15.35	17.11	20.77	20.43	12.89	13.18
茄科雷尔氏菌	20.93	16.82	22.11	20.18	—	19.15
大肠杆菌	17.37	17.37	16.36	19.22	—	19.68
金黄色葡萄球菌	10.42	10.57	11.36	12.89	—	18.41

注:"—"表示无抑菌活性。

二、最低抑菌浓度(MIC)测定

最低抑菌浓度测定采用标准肉汤二倍稀释法,将植物提取物溶液(640 mg/mL)用肉汤培养基依次二倍稀释,分别稀释8个梯度加入96孔板的前8个孔,每孔加入200 μL,随后加入对数期活化菌液50 μL。第9孔加入200 μL肉汤培养基和50 μL纯菌液作为空白对照。30/37 ℃培养18 h后,加入配制好的INT 5 μL,2 h后观察染色变化,试验组加入染色剂后未被染色的最低药物浓度即为该药的MIC。

香椿提取物对5种供试菌株的MIC实验结果如表6-18所示,香椿提取物抑菌效果较好,MIC为20~40 mg/mL,其中对大肠杆菌和水稻白叶枯病菌MIC的为20 mg/mL。

表6-18　香椿提取物的MIC测定　　　　　　　(单位:mg·mL^{-1})

菌种	香椿提取物	链霉素
大肠杆菌	20	5
软腐欧文氏菌	40	1.25
茄科雷尔氏菌	40	2.5
金黄色葡萄球菌	40	2.5
水稻白叶枯病菌	20	1.25

参考文献

[1]胡薇,刘艳如,缪妙青,等.多用途树种香椿的研究综述[J].福建林业科技,2008,35(1):244-250.

[2]朱育凤,周琴妹,丰国炳,等.香椿皮与臭椿皮的体外抗菌作用比较[J].中国现代应用药学,1999(06):19-21.

［3］田迪英，杨荣华.香椿的抗菌作用研究［J］.食品工业科技，2002（11）：21-22.

［4］欧阳杰，武彦文，卢晓蕊.香椿嫩芽和老叶萃取物抗菌活性的比较研究（英文）［J］.天然产物研究与开发，2008（03）：427-430.

［5］禄文林，李秀信.香椿皂苷的提取及抑菌活性的研究［J］.内蒙古农业大学学报（自然科学版），2008（01）：227-229.

第七章　基于发酵技术的香椿内生真菌次生代谢产物研究

研究表明,香椿植物具有开发新型天然抗氧化活性物质的潜力。由于植物体内活性物质含量较低,提取工艺复杂,活性物质分离纯化受到很大限制。另外,植物资源往往受地理环境和生态条件等因素的影响,所以从香椿植物中开发天然抗氧化活性物质具有一定的局限性。而植物内生真菌则弥补了传统植物提取天然活性物质的局限。根据共生理论,植物内生真菌可以产生与宿主植物相同或相似的生物活性物质,同时植物内生真菌作为微生物,具有生长速度快、发酵生产周期短、易于工业化发酵等特点,从而使植物内生真菌成为寻找和发现各种天然生物活性物质的新资源。目前国内外有关香椿内生真菌及从其次级代谢产物中开发天然活性物质的相关研究尚未见报道。本章节以香椿植物为材料,对香椿组织中的内生真菌进行分离纯化,为后续内生真菌源活性物质开发利用提供基础。

第一节　内生真菌分离鉴定

核糖体 RNA 基因是以串联多拷贝的形式组成的生物体内最保守的基因之一,其中 18S rDNA、ITS rDNA 和 28S rDNA 序列作为分子标记已广泛应用于真菌的种属鉴定。18S rDNA 是编码真核生物核糖体小亚基的 DNA 序列,它在进化上比较保守,同一属间序列碱基差异很小,因此可鉴定到属级以上。ITS(Internal transcribed spacer)是核糖体 rDNA 中编码基因 ITS1、5.8S 及 ITS2 的内转录间隔区,序列长度为 600~800 bp,片段长度适中且进化较快,种间变异丰富,但种内却高度保守,因此可广泛用于属内种间的系统学研究。

本研究从香椿植物组织中共分离得到内生真菌 16 株,其中来自叶部 2 株,茎部 14 株。选取其中 6 株内生真菌菌株(编号分别为 TS4、TS5、TS8、TS13、TS47、56-50)作为研究对象,对其进行初步的菌落形态特征观察,并通过分子生物学方法进行分类鉴定,分别将其鉴定为近缘毛壳、血红毛壳、球毛壳菌、突孢毛壳、米曲霉和苹果链格孢,避免了依靠传统的形态学特征鉴定真菌可能带来的误鉴。

一、菌株分离纯化

用流水将香椿茎表面浮土冲洗干净,然后用无菌水漂洗 2 次,风干表面水分,转移至超净工作台,在无菌条件下,将香椿茎用 70%乙醇浸泡 1 min,次氯酸钠溶液(有效氯 3%)浸泡 1 min,70%乙醇浸泡 30 s,无菌水漂洗 3 次,无菌吸水纸吸干表面备用。

表面消毒好的香椿茎,无菌条件下,用灭菌剪刀剪成 0.5 cm 左右的小块放在 PDA 培养基上,每板3~5根,于28 ℃恒温培养箱培养3 d。当植物组织内部向培养基周围长出菌丝时,将内生真菌转移到新的PDA平板培养基上对其划线培养,3~5 d后分离纯化得到单菌落,然后转移到PDA斜面上,4 ℃冰箱保存,编号备用。其中,PDA固体培养基(质量分数):土豆20%,葡萄糖2%,琼脂2%。

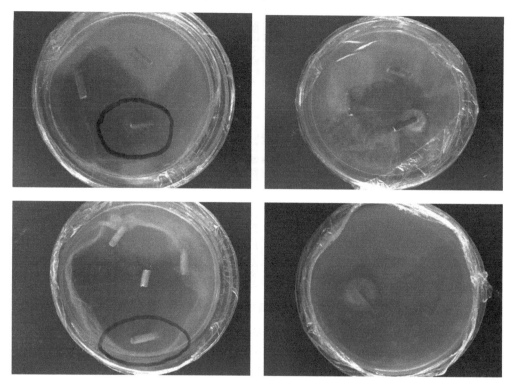

图7-1　内生真菌的分离

　　结果:从香椿植物组织中共分离得到内生真菌16株,其中来自叶部2株(占总分离菌株的12.5%),茎部14株(占总分离菌株的87.5%)。从内生真菌的分离结果来看,香椿各组织中内生真菌的分布存在明显的差异,茎部内生真菌的分离率明显多于叶部。

二、菌落形态特征观察

　　选取其中6株内生真菌菌株(编号分别为TS4、TS5、TS8、TS13、TS47、56-50)作为研究对象,将其接种到PDA固体培养基上,28 ℃连续培养4~5 d,观察菌落形态特征(图7-2)。结果如下:

　　菌株TS4:菌株菌落正面浅色,气生菌丝浅褐色;反面呈淡黄色(图7-2中4-a、4-b)。菌株生长速度较快,28 ℃培养4~5 d菌落布满培养皿。

　　菌株TS5:菌株菌落正面为白色菌丝;反面呈淡黄色(图7-2中5-a、5-b)。菌株生长速度较快,28 ℃培养4~5 d菌落布满培养皿。

　　菌株TS8:菌株菌落正面为白色菌丝,絮状棉质,生长茂密;反面则呈淡黄色(图7-2

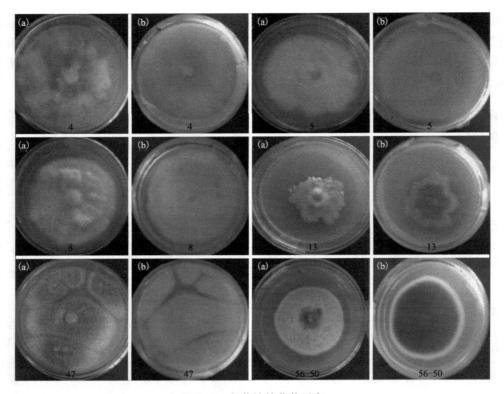

图7-2　各菌株的菌落形态

中 8-a、8-b)。菌株生长速度较快,28 ℃培养 4~5 d 菌落布满培养皿。

菌株 TS13:菌落正面灰白色,反面褐黄色(图 7-2 中 13-a、13-b),丝绒状,平铺,不规则,生长速率 1 cm/d。

菌株 TS47:菌株菌落质地疏松,初白色、黄色,后变为淡绿褐色,背面淡黄色(图 7-2 中 47-a、47-b)。菌株生长速度较快,28 ℃培养 4~5 d 菌落布满培养皿。

菌株 56-50:菌株在 PDA 平板上培养 1 d,可产生零星的放射状白色菌丝,4 d 后菌落直径为 6.0 cm,绒毛状或棉絮状,具明显的同心轮纹,中央为墨绿色,外部淡黄色至灰绿色,菌落平坦,表面具少量稀疏的白色气生菌丝,8 d 后菌落布满培养皿(图 7-2 中 56-50-a、56-50-b)。

三、菌株种属鉴定

(一)分子生物学鉴定操作步骤

1.DNA 提取

从保藏菌种的斜面培养基中挑取菌丝转接到 PDA 平板上,28 ℃培养 4~5 d。基因组 DNA 的提取采用 Ezup 柱式真菌基因组 DNA 抽提试剂盒(SK8259),严格按照说明书操作。提取的基因组 DNA 在 1%琼脂糖凝胶中电泳检测(150 V,100 mA 20 min)。4 ℃保存备用,或于-20 ℃中长期保存。

2.PCR 扩增 18S 和 ITS 序列

18S rDNA 扩增引物:NS1(5'-GTAGTCATATGCTTGTCTC-3')/NS6(5'-GCATCA-CAGACCTGTTATTGCCTC-3'),PCR 反应条件为预变性 94 ℃ 4 min,变性 94 ℃ 45 s,退火 55 ℃ 45 s,延伸 72 ℃ 1 min,共 30 个循环,最后修复延伸 72 ℃ 10 min。

ITS rDNA 扩增引物:ITS1(5'-TCCGTAGGTGAACCTGCGG-3')/ITS4(5'-TCCTC-CGCTTATTGATATGC-3'),PCR 反应条件为预变性 94 ℃ 4 min,变性 94 ℃ 45 s,退火 55 ℃ 45 s,延伸 72 ℃ 1 min,共 30 个循环,最后修复延伸 72 ℃ 10 min。

PCR 扩增采用 25 μL 的反应体系,包括 ddH$_2$O 19.8 μL,PCR Buffer(10×, Mg$^+$ plus) 2.5 μL,dNTP(各 2.5 mM) 1 μL,Primer-F(10 μM) 0.5 μL,Primer-R(10 μM) 0.5 μL,DNA 0.5 μL,Taq polymerase 0.2 μL。

3.PCR 扩增产物的电泳检测

产物经 1%琼脂糖凝胶电泳检测后 4 ℃保存备用。

4.PCR 产物纯化和测序

由生工生物工程(上海)股份有限公司进行。

5.系统进化树的构建

将所测得的序列在 NCBI 中进行 Blast 比对,下载与供试菌株序列同源性相近的菌株序列,利用 ClustalX 软件进行序列的多重比对,利用 MEGA7.0 软件 N-J 方法(Neighbor-Joining)构建系统发育树,自展数为 1000。

(二)菌株 TS4 的 18S、ITS 序列及其系统发育学分析

由于形态学无法准确判定菌株 TS4 的种属地位,因此采用分子生物学方法对其进行鉴定:以提取出的菌株 TS4 的 DNA 为模板,对其 18S 和 ITS rDNA 基因片段进行 PCR 扩增,产物经 1%琼脂糖凝胶电泳,如图 7-3 所示,扩增产物分别为 1300 bp 和 500 bp 左右的特异性扩增条带,大小与期望值相符。PCR 扩增产物由上海生工有限公司进行测序,测序结果表明:该菌株的 18S 和 ITS rDNA 基因序列长度分别为 1265 bp 和 553 bp。

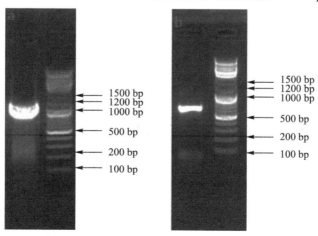

　　(a)18S rDNA 基因片段扩增图谱　　(b)ITS rDNA 基因片段扩增图谱

图 7-3　18S rDNA 基因和 ITS rDNA 基因片段扩增图谱

将 PCR 扩增获得的 18S rDNA 序列在 NCBI 中进行 BLAST 分析,结果表明,菌株 TS4 的 18S rDNA 序列与毛壳属 *Chaetomium sp.* 的 18S 序列同源性最高,相似性达 99%。利用 ClastalX 与 Mega5.0 软件,基于 18S rDNA 序列构建系统发育树(图 7-4),从系统进化树上可以看出,每一个属分别形成一个独立的分枝,菌株 TS4 与 *Chaetomium sp.*(EU826480.1) 和 *Chaetomium sp.*(AB521039.1)处于同一分枝,亲缘关系最近,判断该菌株为毛壳属。

将 PCR 扩增获得的 ITS rDNA 序列在 NCBI 中进行 BLAST 比对,结果表明,该序列与 *Chaetomium subaffine* 的 ITS 序列同源性很高,相似性达 99%。基于 ITS rDNA 序列构建系统发育树(图 7-5),从系统发育树可以看出每一个种分别形成一个独立的分枝,菌株 TS4 与 *Chaetomium subaffine*(JN209929.1)和 *Chaetomium sp.*(AM944353.1)聚为一枝,表现出非常近的亲缘关系。

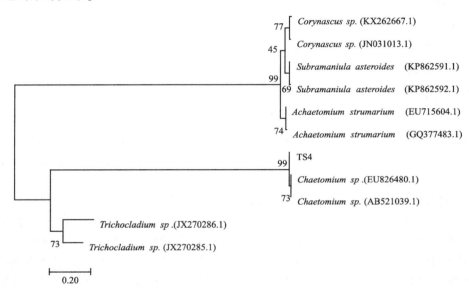

图 7-4　基于 18S rDNA 基因序列构建的邻接树

TS4 菌株 18S rDNA 基因序列:

CTCATTAAATCAGTTATCGTTTATTTGATAGTACCTTACTACATGGATAACCGTGGTAATTCTAGAGCTA
ATACATGCTAAAAATCCCGACTTCGGAAGGGATGTATTTATTAGATTAAAAACCAATGCCCTTCGGGG
CTCTCTGGTGATTCATAATAACTTCTCGAATCGCACGGCCTTGCGCCGGCGATGGTTCATTCAAATTTCT
GCCCTATCAACTTTCGACGGCTGGGTCTTGGCCAGCCGTGGTGACAACGGGTAACGGAGGGTTAGGGC
TCGACCCCGGAGAAGGAGCCTGAGAAACGGCTACTACATCCAAGGAAGGCAGCAGGCGCGCAAATTA
CCCAATCCCGACACGGGGAGGTAGTGACAATAAATACTGATACAGGGCTCTTTCGGGTCTTGTAATTG
GAATGAGTACAATTTAAATCCCTTAACGAGGAACAATTGGAGGGCAAGTCTGGTGCCAGCAGCCGCG
GTAATTCCAGCTCCAATAGCGTATATTAAAGTTGTTGAGGTTAAAAAGCTCGTAGTTGAACCTTGGGC
CTAGCCGGCCGGTCCGCCTCACCGCGTGCACTGGCTCGGCTGGGCCTTTCCTTCTGGAGAACCTCATGC
CCTTCACTGGGTGTGACGGGAACCAGGACTTTTACTCTGAACAAATTAGATCGCTTAAAGAAGGCCT
ATGCTCGAATACATTAGCATGGAATAATAGAATAGGACGTGTGGTTCTATTTTGTTGGTTTCTAGGACC
GCCGTAATGATTAATAGGGACAGTCGGGGGCATCAGTATTCAATTGTCAGAGGTGAAATTCTTGGATT
TATTGAAGACTAACTACTGCGAAAGCATTTGCCAAGGATGTTTTCATTAATCAGGAACGAAAGTTAGGG

GATCGAAGACGATCAGATACCGTCGTAGTCTTAACCATAAACTATGCCGATTAGGGATCGGACGGCGT
TATTTTTTGACCCGTTCGGCACCTTACGATAAATCAAAATGTTTGGGCTCCTGGGGGAGTATGGTCGCA
AGGCTGAAACTTAAAGAAATTGACGGAAGGGCACCACCAGGGGTGGAGCCTGCGGCTTAATTTGACT
CAACACGGGGAAACTCACCAGGTCCAGACACGATGAGGATTGACAGATTGAGAGCTCTTTCTTGATTT
CGTGGGTGGTGGTGCATGGCCGTTCTTAGTTGGTGGAGTGATTTGTCTGCTTAATTGCGATAACGAACG
AGACCTTAACCTGCTAAATAGCCCGTATTGCTTGG

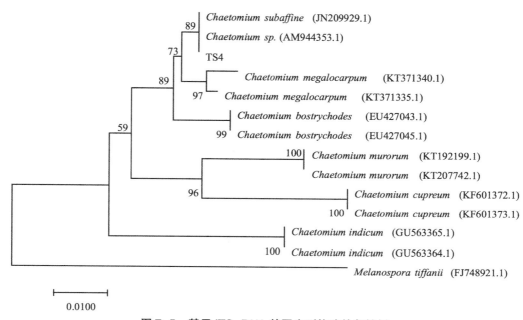

图 7-5 基于 ITS rDNA 基因序列构建的邻接树

TS4 菌株 ITS rDNA 基因序列：

ACCTGCGGAGGGATCATTACAGAGTTGCAAAACTCCCTAAACCATTGTGAACGTTACCTAAACCGTTG
CTTCGGCGGGCGGCCCCGGGGTTTACCCCCGGGCGCCCCTGGGCCCCACCGCGGGCGCCCGCCGGAG
GTCACCAAACTCTTGATAATTTATGGCCTCTCTGAGTCTTCTGTACTGAATAAGTCAAAACTTTCAACAA
CGGATCTCTTGGTTCTGGCATCGATGAAGAACGCAGCGAAATGCGATAAGTAATGTGAATTGCAGAAT
TCAGTGAATCATCGAATCTTTGAACGCACATTGCGCCCGCCAGTATTCTGGCGGGCATGCCTGTTCGAG
CGTCATTTCAACCATCAAGCCCCGGGCTTGTGTTGGGGACCTGCGGCTGCCGCAGGCCCTGAAAAGCAG
TGGCGGGCTCGCTGTCACACCGAGCGTAGTAGCATACATCTCGCTCTGGGCGTGCTGCGGGTTCCGGCCG
TTAAACCCCCTTTAACCCAAGGTTGACCTCGGATCAGGTAGGAAGACCCGCTGAACTTAAGCATATCAATA

根据 18S 和 ITS rDNA 基因序列分析结果，将香椿内生真菌 TS4 鉴定为子囊菌门 *Ascomycota*、子囊菌纲 *Ascomycetes*、粪壳亚纲 *Sordariomycetidae*、粪壳目 *Sordariales*、毛壳科 *Chaetomiaceae*、毛壳属 *Chaetomium*、近缘毛壳 *Chaetomium subaffine*。

（三）菌株 TS5 的 18S、ITS 序列及其系统发育学分析

由于形态学无法准确判定菌株 TS5 的种属地位，因此采用分子生物学方法对其进行鉴定：以提取出的菌株 TS5 的 DNA 为模板，对其 18S 和 ITS rDNA 基因片段进行 PCR 扩增，产物经 1% 琼脂糖凝胶电泳，如图 7-6 所示，扩增产物分别为 1300 bp 和 500 bp 左右的特异性扩增条带，大小与期望值相符。PCR 扩增产物由上海生工有限公司进行测序，测序结果表明:该菌株的 18S 和 ITS rDNA 基因序列长度分别为 1266 bp 和 555 bp。

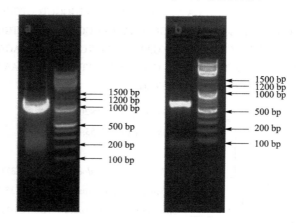

(a)18S rDNA 基因片段扩增图谱　　(b)ITS rDNA 基因片段扩增图谱

图 7-6　18S rDNA 基因和 ITS rDNA 基因片段扩增图谱

将 PCR 扩增获得的 18S rDNA 序列在 NCBI 中进行 BLAST 分析,结果表明,菌株 TS5 的 18S rDNA 序列与毛壳属 *Chaetomium sp.* 的 18S 序列同源性高,相似性达 99%。利用 ClastalX 与 Mega5.0 软件,基于 18S rDNA 序列构建系统发育树(图 7-7),从系统进化树上可看出,每一个属分别形成一个独立的分枝,菌株 TS5 与 *Chaetomium sp.*(EU710830.1)处于同一分枝,亲缘关系最近,判断该菌株为毛壳属。

将 PCR 扩增获得的 ITS rDNA 序列在 NCBI 中进行 BLAST 比对,结果表明,该序列与 *Chaetomium cruentum* 的 ITS 序列同源性很高,相似性达 99%。基于 ITS rDNA 序列构建系统发育树(图 7-8),从系统发育树可以看出每一个种分别形成一个独立的分枝,菌株 TS5 与 *Chaetomium cruentum*(KP336788.1)和 *Chaetomium cruentum*(JN209871.1)聚为一枝,表现出非常近的亲缘关系。

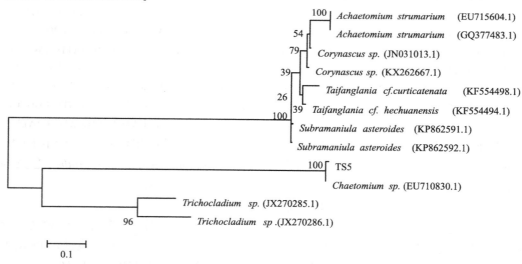

图 7-7　基于 18S rDNA 基因序列构建的邻接树

TS5 菌株 18S rDNA 基因序列：

TCATTAAATCAGTTATCGTTTATTTGATAGTACCTTACTACATGGATAACCGTGGTAATTCTAGAGCTAA
TACATGCTAAAAATCCCGACTTCGGAAGGGATGTATTTATTAGATTAAAAACCAATGCCCTTCGGGGCT
CTCTGGTGATTCATAATAACTTCTCGAATCGCACGGCCTTGCGCCGGCGATGGTTCATTCAAATTTCTGC
CCTATCAACTTTCGACGGCTGGGTCTTGGCCAGCCGTGGTGACAACGGGTAACGGAGGGTTAGGGCTC
GACCCCGGAGAAGGAGCCTGAGAAACGGCTACTACATCCAAGGAAGGCAGCAGGCGCGCAAATTACC
CAATCCCGACACGGGGAGGTAGTGACAATAAATACTGATACAGGGCTCTTTCGGGTCTTGTAATTGGA
ATGAGTACAATTTAAATCCCTTAACGAGGAACAATTGGAGGGCAAGTCTGGTGCCAGCAGCCGCGGTA
ATTCCAGCTCCAATAGCGTATATTAAAGTTGTTGAGGTTAAAAAGCTCGTAGTTGAACCTTGGGCCTAG
CCGGCCGGTCCGCCTCACCGCGTGCACTGGCTCGGCTGGGTCTTTCCTTCTGGAGAACCGCATGCCCTT
CACTGGGTGTGCCGGGGAACCAGGACTTTTACTCTGAACAAATTAGATCGCTTAAAGAAGGCCTATGCT
CGAATACATTAGCATGGAATAATAGAATAGGACGTGTGGTTCTATTTT-GTTGGTTTCTAGGACCGCCG
TAATGATTAATAGGGACAGTCGGGGGCATCAGTATTCAATTGTCAGAGGTGAAATTCTTGGATTTATTG
AAGACTAACTACTGCGAAAGCATTTGCCAAGGATGTTTTCATTAATCAGGAACGAAAGTTAGGGGATC
GAAGACGATCAGATACCGTCGTAGTCTTAACCATAAACTATGCCGATTAGGGATCGGACGGCGTTATT
TTTTGACCCGTTCGGCACCTTACGATAAATCAAAATGTTTGGGCTCCTGGGGGAGTATGGTCGCAAGGC
TGAAACTTAAAGAAATTGACGGAAGGGCACCACCAGGGGTGGAGCCTGCGGCTTAATTTGACTCAAC
ACGGGGAAACTCACCAGGTCCAGACACGATGAGGATTGACAGATTGAGAGCTCTTTCTTGATTTCGTG
GGTGGTGGTGCATGGCCGTTCTTAGTTGGTGGAGTGATTTGTCTGCTTAATTGCGATAACGAACGAGAC
CTTAACCTGCTAAATAGCCCGTATTGCTTTGG

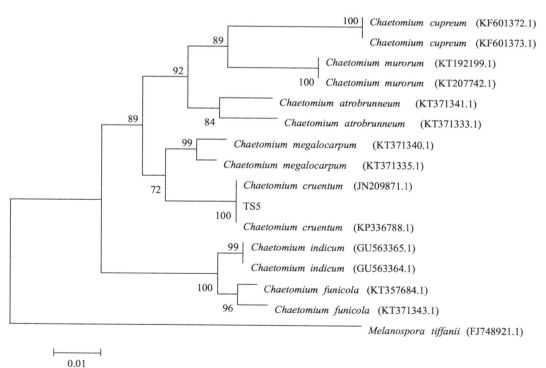

图 7-8　基于 ITS rDNA 基因序列构建的邻接树

TS5 菌株 ITS rDNA 基因序列：

CCTGCGGAGGGATCATTACAGAGTTGCAAAACTCCCTAAACCATTGTGAACGTTACCTATACCGTTGCT
TCGGCGGGCGGCCCCGGGGTTTACCCCCCGGGCGCCCCTGGGCCCCACCGCGGGCGCCCGCCGGAGGT
CACCAAACTCTTGATAATTTATGGCCTCTCTGAGTCTTCTGTACTGAATAAGTCAAAACTTTCAACAACG
GATCTCTTGGTTCTGGCATCGATGAAGAACGCAGCGAAATGCGATAAGTAATGTGAATTGCAGAATTC
AGTGAATCATCGAATCTTTGAACGCACATTGCGCCCGCCAGCATTCTGGCGGGCATGCCTGTTCGAGCG
TCATTTCAACCATCAAGCCCCCGGGCTTGTGTTGGGGACCTGCGGCTGCCGCAGGCCCTGAAAAGCAGT
GGCGGGCTCGCTGTCGCACCGAGCGTAGTAGCATACATCTCGCTCTGGTCGCGCCGCGGGTTCCGGCCG
TTAAACCACCTTTTTAACCCAAGGTTGACCTCGGATCAGGTAGGAAGACCCGCTGAACTTAAGCATATC
AATA

根据 18S 和 ITS rDNA 基因序列分析结果，将香椿内生真菌 TS5 鉴定为子囊菌门 *Ascomycota*、子囊菌纲 *Ascomycetes*、粪壳亚纲 *Sordariomycetidae*、粪壳目 *Sordariales*、毛壳科 *Chaetomiaceae*、毛壳属 *Chaetomium*、血红毛壳 *Chaetomium cruentum*。

（四）菌株 TS8 的 18S、ITS 序列及其系统发育学分析

以提取出的菌株 TS8 的 DNA 为模板，对其 18S 和 ITS rDNA 基因片段进行 PCR 扩增，产物经 1%琼脂糖凝胶电泳，如图 7-9 所示，扩增产物分别为 1200 bp 和 600 bp 左右的特异性扩增条带，大小与期望值相符。PCR 扩增产物由上海生工有限公司进行测序，测序结果表明：该菌株的 18S 和 ITS rDNA 基因序列长度分别为 1203 bp 和 553 bp。

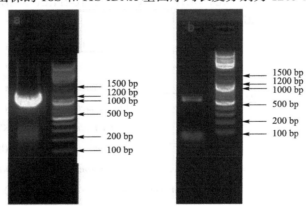

（a）18S rDNA 基因片段扩增图谱　　　（b）ITS rDNA 基因片段扩增图谱

图 7-9　18S rDNA 基因和 ITS rDNA 基因片段扩增图谱

将 PCR 扩增获得的 18S rDNA 序列在 NCBI 中进行 BLAST 分析，结果表明，菌株 TS8 的 18S rDNA 序列与球毛壳属 *Chaetomium sp.* 的 18S 序列同源性最高，相似性达 100%。利用 ClastalX 与 Mega5.0 软件，基于 18S rDNA 序列构建系统发育树（图 7-10），从系统进化树上可以看出，每一个属分别形成一个独立的分枝，菌株 TS8 与 *Chaetomium globosum*（JN639019.1）、*Chaetomium globosum*（JN394588.1）和 *Chaetomium sp.*（EU826480.1）处于同一分枝，亲缘关系最近，判断该菌株为球毛壳属。

将 PCR 扩增获得的 ITS rDNA 序列在 NCBI 中进行 BLAST 比对，结果表明，该序列与 *Chaetomium globosum* 的 ITS 序列同源性很高，相似性达 99%。基于 ITS rDNA 序列构建系统发育树（图 7-11），从系统发育树可以看出每一个种分别形成一个独立的分枝，菌株

TS8 与 *Chaetomium globosum*（GQ906953.1）和 *Chaetomium globosum*（KJ186956.1）聚为一枝，自展值为99，表现出非常近的亲缘关系。

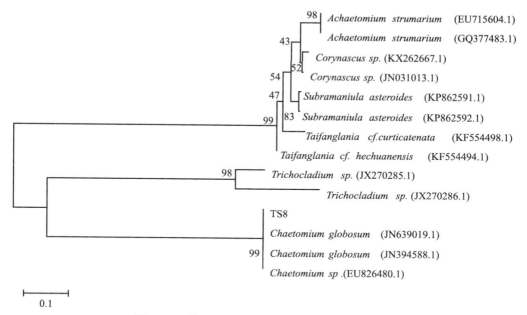

图 7-10　基于 18S rDNA 基因序列构建的邻接树

TS8 菌株 18S rDNA 基因序列：

GTACCTTACTACATGGATAACCGTGGTAATTCTAGAGCTAATACATGCTAAAAATCCCGACTTCGGAAG
GGATGTATTTATTAGATTAAAAACCAATGCCCTTCGGGGCTCTCTGGTGATTCATAATAACTTCTCGAAT
CGCACGGCCTTGCGCCGGCGATGGTTCATTCAAATTTCTGCCCTATCAACTTTCGACGGCTGGGTCTTGG
CCAGCCGTGGTGACAACGGGTAACGGAGGGTTAGGGCTCGACCCCGGAGAAGGAGCCTGAGAAACGG
CTACTACATCCAAGGAAGGCAGCAGGCGCGCAAATTACCCAATCCCGACACGGGGAGGTAGTGACAAT
AAATACTGATACAGGGCTCTTTCGGGTCTTGTAATTGGAATGAGTACAATTTAAATCCCTTAACGAGGA
ACAATTGGAGGGCAAGTCTGGTGCCAGCAGCCGCGGTAATTCCAGCTCCAATAGCGTATATTAAAGTT
GTTGAGGTTAAAAAGCTCGTAGTTGAACCTTGGGCCTAGCCGGCCGGTCCGCCTCACCGCGTGCACTGG
CTCGGCTGGGTCTTTCCTTCTGGAGAACCGCATGCCCTTCACTGGGTGTGCCGGGGAACCAGGACTTTT
ACTCTGAACAAATTAGATCGCTTAAAGAAGGCCTATGCTCGAATACATTAGCATGGAATAATAGAATA
GGACGTGTGGTTCTATTTTGTTGGTTTCTAGGACCGCCGTAATGATTAATAGGGACAGTCGGGGGCATC
AGTATTCAATTGTCAGAGGTGAAATTCTTGGATTTATTGAAGACTAACTACTGCGAAAGCATTTGCCAA
GGATGTTTTCATTAATCAGGAACGAAAGTTAGGGGATCGAAGACGATCAGATACCGTCGTAGTCTTAA
CCATAAACTATGCCGATTAGGGATCGGACGGCGTTATTTTTTGACCCGTTCGGCACCTTACGATAAATC
AAAATGTTTGGGCTCCTGGGGGAGTATGGTCGCAAGGCTGAAACTTAAAGAAATTGACGGAAGGGCAC
CACCAGGGGTGGAGCCTGCGGCTTAATTTGACTCAACACGGGGAAACTCACCAGGTCCAGACACGATG
AGGATTGACAGATTGAGAGCTCTTTCTTGATTTCGTGGGTGGTGGTGCATGGCCGTTCTTAGTTGGTGG
AGTGATTTGTCTGCTTAATTGCGATAACGAACGAGA

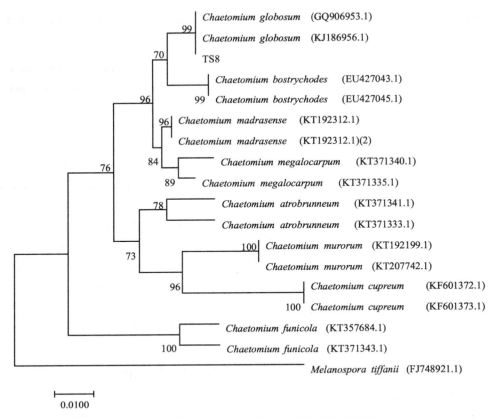

图 7-11　基于 ITS rDNA 基因序列构建的邻接树

TS8 菌株 ITS rDNA 基因序列：

CCTGCGGAGGGATCATTACAGAGTTGCAAAACTCCCTAAACCATTGTGAACGTTACCTACACCGTTGCT
TCGGCGGGCGGCCCCGGGGTTTACCCCCCGGGCGCCCCTGGGCCCCACCGCGGGCGCCCGCCGGAGGT
CACCGAACTCTTGATACTTTATGGCCTCTCTGAGTCTTCTGTACTGAATAAGTCAAAACTTTCAACAACG
GATCTCTTGGTTCTGGCATCGATGAAGAACGCAGCGAAATGCGATAAGTAATGTGAATTGCAGAATTC
AGTGAATCATCGAATCTTTGAACGCACATTGCGCCCGCCAGTATTCTGGCGGGCATGCCTGTTCGAGCG
TCATTTCAACCATCAAGCCCCCGGGCTTGTGTTGGGGACCTGCGGCTGCCGCAGGCCCTGAAAAGCAGT
GGCGGGCTCGCTGTCACACCGAGCGTAGTAGCATACATCTCGCTCCGGTCGTGCTGCGGGTTCCGGCCG
TTAAACCACCTTTTAACCCAAGGTTGACCTCGGATCAGGTAGGAAGACCCGCTGAACTTAAGCATATCA
AT

根据 18S 和 ITS rDNA 基因序列分析结果，将香椿内生真菌 TS8 鉴定为子囊菌门 *Ascomycota*、子囊菌纲 *Ascomycetes*、粪壳亚纲 *Sordariomycetidae*、粪壳目 *Sordariales*、毛壳科 *Chaetomiaceae*、毛壳属 *Chaetomium*、球毛壳菌 *Chaetomium globosum*。

(五)菌株 TS13 的 18S、ITS 序列及其系统发育学分析

以提取出的菌株 TS13 的 DNA 为模板，对其 18S 和 ITS rDNA 基因片段进行 PCR 扩增，产物经 1%琼脂糖凝胶电泳，如图 7-12 所示，扩增产物分别为 1200 bp 和 500 bp 左右的特异性扩增条带，大小与期望值相符。PCR 扩增产物由上海生工有限公司进行测序，测序结果表明:该菌株的 18S 和 ITS rDNA 基因序列长度分别为 1262 bp 和 551 bp。

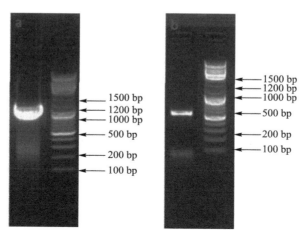

（a）18S rDNA 基因片段扩增图谱　　　（b）ITS rDNA 基因片段扩增图谱

图 7-12　18S rDNA 基因和 ITS rDNA 基因片段扩增图谱

将 PCR 扩增获得的 18S rDNA 序列在 NCBI 中进行 BLAST 分析,结果表明,菌株 TS13 的 18S rDNA 序列与球毛壳属 *Chaetomium sp.* 的 18S 序列同源性高,相似性达 99%。利用 ClastalX 与 Mega5.0 软件,基于 18S rDNA 序列构建系统发育树(图 7-13),从系统进化树上可以看出,每一个属分别形成一个独立的分枝,菌株 TS13 与 *Chaetomium sp.* (EU826480.1)处于同一分枝,亲缘关系最近,判断该菌株为球毛壳属。

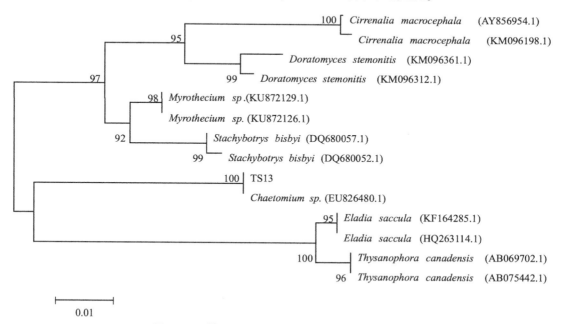

图 7-13　基于 18S rDNA 基因序列构建的邻接树

菌株 TS13 的 18S rDNA 基因序列:

CATTAAATCAGTTATCGTTTATTTGATAGTACCTTACTACATGGATAACCGTGGTAATTCTAGAGCTAAT

ACATGCTAAAAATCCCGACTTCGGAAGGGATGTATTTATTAGATTAAAAACCAATGCCCTTCGGGGCTC
TCTGGTGATTCATAATAACTTCTCGAATCGCACGGCCTTGCGCCGGCGATGGTTCATTCAAATTTCTGCC
CTATCAACTTTCGACGGCTGGGTCTTGGCCAGCCGTGGTGACAACGGGTAACGGAGGGTTAGGGCTCG
ACCCCGGAGAAGGAGCCTGAGAAACGGCTACTACATCCAAGGAAGGCAGCAGGCGCGCAAATTACCC
AATCCCGACACGGGGAGGTAGTGACAATAAATACTGATACAGGGCTCTTTCGGGTCTTGTAATTGGAA
TGAGTACAATTTAAATCCCTTAACGAGGAACAATTGGAGGGCAAGTCTGGTGCCAGCAGCCGCGGTAA
TTCCAGCTCCAATAGCGTATATTAAAGTTGTTGAGGTTAAAAAGCTCGTAGTTGAACCTTGGGCCTAGC
CGGCCGGTCCGCCTCACCGCGTGCACTGGCTCGGCTGGGTCTTTCCTTCTGGAGAACCGCATGCCCTTC
ACTGGGTGTGCCGGGGAACCAGGACTTTTACTCTGAACAAATTAGATCGCTTAAAGAAGGCCTATGCTC
GAATACATTAGCATGGAATAATAGAATAGGACGTGTGGTTCTATTTTGTTGGTTTCTAGGACCGCCGTA
ATGATTAATAGGGACAGTCGGGGGCATCAGTATTCAATTGTCAGAGGTGAAATTCTTGGATTTATTGAA
GACTAACTACTGCGAAAGCATTTGCCAAGGATGTTTTCATTAATCAGGAACGAAAGTTAGGGGATCGA
AGACGATCAGATACCGTCGTAGTCTTAACCATAAACTATGCCGATTAGGGATCGGACGGCGTTATTTTT
TGACCCGTTCGGCACCTTACGATAAATCAAAATGTTTGGGCTCCTGGGGGAGTATGGTCGCAAGGCTG
AAACTTAAAGAAATTGACGGAAGGGCACCACCAGGGGTGGAGCCTGCGGCTTAATTTGACTCAACAC
GGGGAAACTCACCAGGTCCAGACACGATGAGGATTGACAGATTGAGAGCTCTTTCTTGATTCGTGGG
TGGTGGTGCATGGCCGTTCTTAGTTGGTGGAGTGATTTGTCTGCTTAATTGCGATAACGAACGAGACC
TGAACCTGCTAAATAGCCCGTATTGCTTG

将 PCR 扩增获得的 ITS rDNA 序列在 NCBI 中进行 BLAST 比对,结果表明,该序列与 *Chaetomium murorum* 的 ITS 序列同源性很高,相似性达 99%。基于 ITS rDNA 序列构建系统发育树(图 7-14),从系统发育树可以看出每一个种分别形成一个独立的分枝,菌株 TS13 与 *Chaetomium murorum*(KM268657.1)和 *Chaetomium murorum*(JF502431.1)聚为一枝,自展值为 100,表现出非常近的亲缘关系。

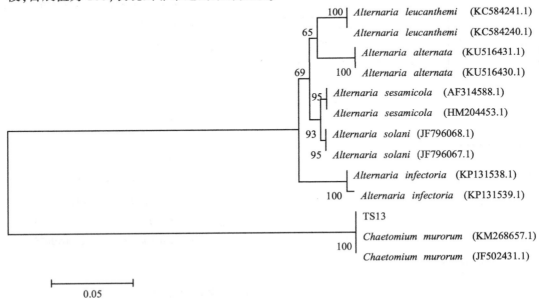

图 7-14　基于 ITS rDNA 基因序列构建的邻接树

菌株 TS13 的 ITS rDNA 基因序列：

CTGCGGAGGGATCATTACAGAGTTGCAAAACTCCCTAAACCATTGTGAACGTTACCTATACCGTTGCTT
CGGCGGGCGGCCCCGGGGTTTACCCCCCGGGCGCCCCTGGGCCCCACCGCGGGCGCCCGCCGGAGGTC
ACCAAACTCTTGATAATTTATGGCCTCTCTGAGTCTTCTGTACTGAATAAGTCAAAACTTTCAACAACGG
ATCTCTTGGTTCTGGCATCGATGAAGAACGCAGCGAAATGCGATAAGTAATGTGAATTGCAGAATTCA
GTGAATCATCGAATCTTTGAACGCACATTGCGCCCGCCAGCATTCTGGCGGGCATGCCTGTTCGAGCGT
CATTTCAACCATCAAGCCCCCGGGCTTGTGTTGGGGACCTGCGGCTGCCGCAGGCCCTGAAAAGCAGTG
GCGGGCTCGCTGTCGCACCGAGCGTAGTAGCATACATCTCGCTCTGGTCGCGCCGCGGGTTCCGGCCGT
TAAACCACCTTTTAACCCAAGGTTGACCTCGGATCAGGTAGGAAGACCCGCTGAACTTAAGCATATCAT

根据 18S 和 ITS rDNA 基因序列分析结果，将香椿内生真菌 TS13 鉴定为子囊菌门 *As-comycota*、子囊菌纲 *Ascomycetes*、粪壳亚纲 *Sordariomycetidae*、粪壳目 *Sordariales*、毛壳科 *Chaetomiaceae*、毛壳属 *Chaetomium*、突孢毛壳 *Chaetomium murorum*。

（六）菌株 TS47 的 18S、ITS 序列及其系统发育学分析

以提取出的菌株 TS47 的 DNA 为模板，对其 18S 和 ITS rDNA 基因片段进行 PCR 扩增，产物经 1% 琼脂糖凝胶电泳，如图 7-15 所示，扩增产物分别为 1200 bp 和 600 bp 左右的特异性扩增条带，大小与期望值相符。PCR 扩增产物由上海生工有限公司进行测序，测序结果表明：该菌株的 18S 和 ITS rDNA 基因序列长度分别为 1244 bp 和 571 bp。

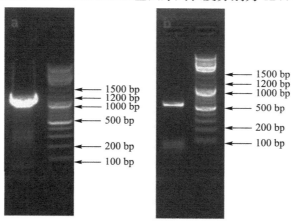

（a）18S rDNA 基因片段扩增图谱　　（b）ITS rDNA 基因片段扩增图谱

图 7-15　18S rDNA 基因和 ITS rDNA 基因片段扩增图谱

将 PCR 扩增获得的 18S rDNA 序列在 NCBI 中进行 BLAST 分析，结果表明，菌株 TS47 的 18S rDNA 序列与曲霉属 *Aspergillus sp.* 的 18S 序列同源性最高，相似性达 100%。利用 ClastalX 与 Mega5.0 软件，基于 18S rDNA 序列构建系统发育树（图 7-16），从系统进化树上可以看出，每一个属分别形成一个独立的分枝，菌株 TS47 与 *Aspergillus sp.*（KU350749.1）、*Aspergillus sp.*（KT935264.1）、*Aspergillus sp.*（KF515276.1）处于同一分枝，亲缘关系最近，判断该菌株为曲霉属。

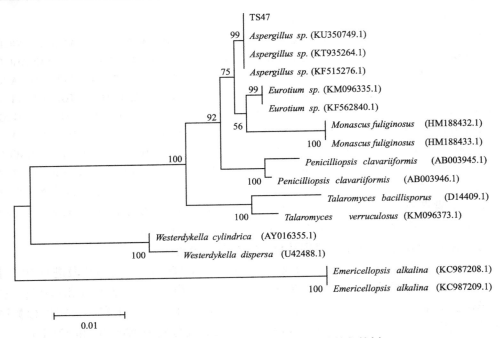

TS47
99 ┌ *Aspergillus sp.* (KU350749.1)
Aspergillus sp. (KT935264.1)
75 *Aspergillus sp.* (KF515276.1)
99 ┌ *Eurotium sp.* (KM096335.1)
Eurotium sp. (KF562840.1)
92 56 *Monascus fuliginosus* (HM188432.1)
100 *Monascus fuliginosus* (HM188433.1)
100 *Penicilliopsis clavariiformis* (AB003945.1)
100 *Penicilliopsis clavariiformis* (AB003946.1)
Talaromyces bacillisporus (D14409.1)
100 *Talaromyces verruculosus* (KM096373.1)
Westerdykella cylindrica (AY016355.1)
100 *Westerdykella dispersa* (U42488.1)
Emericellopsis alkalina (KC987208.1)
100 *Emericellopsis alkalina* (KC987209.1)

0.01

图 7-16 基于 18S rDNA 基因序列构建的邻接树

菌株 TS47 的 18S rDNA 基因序列:

ATAGTACCTTACTACATGGATACCTGTGGTAATTCTAGAGCTAATACATGCTAAAAACCTCGACTTCGG
AAGGGGTGTATTTATTAGATAAAAAACCAATGCCCTTCGGGGCTCCTTGGTGATTCATAATAACTTAAC
GAATCGCATGGCCTTGCGCCGGCGATGGTTCATTCAAATTTCTGCCCTATCAACTTTCGATGGTAGGAT
AGTGGCCTACCATGGTGGCAACGGGTAACGGGGAATTAGGGTTCGATTCCGGAGAGGGAGCCTGAGAA
ACGGCTACCACATCCAAGGAAGGCAGCAGGCGCGCAAATTACCCAATCCCGACACGGGGAGGTAGTG
ACAATAAATACTGATACGGGGCTCTTTTGGGTCTCGTAATTGGAATGAGTACAATCTAAATCCCTTAAC
GAGGAACAATTGGAGGGCAAGTCTGGTGCCAGCAGCCGCGGTAATTCCAGCTCCAATAGCGTATATTA
AAGTTGTTGCAGTTAAAAAGCTCGTAGTTGAACCTTGGGTCTGGCTGGCCGGTCCGCCTCACCGCGAGT
ACTGGTCCGGCTGGACCTTTCCTTCTGGGGAACCTCATGGCCTTCACTGGCTGTGGGGGGAACCAGGAC
TTTTACTGTGAAAAAATTAGAGTGTTCAAAGCAGGCCTTTGCTCGAATACATTAGCATGGAATAATAGA
ATAGGACGTGCGGTTCTATTTTGTTGGTTTCTAGGACCGCCGTAATGATTAATAGGGATAGTCGGGGGC
GTCAGTATTCAGCTGTCAGAGGTGAAATTCTTGGATTTGCTGAAGACTAACTACTGCGAAAGCATTCGC
CAAGGATGTTTTCATTAATCAGGGAACGAAAGTTAGGGGATCGAAGACGATCAGATACCGTCGTAGTC
TTAACCATAAACTATGCCGACTAGGGATCGGGCGGTGTTTCTATGATGACCCGCTCGGCACCTTACGAG
AAATCAAAGTTTTTGGGTTCTGGGGGGAGTATGGTCGCAAGGCTGAAACTTAAAGAAATTGACGGAAG
GCACCACAAGGCGTGGAGCCTGCGGCTTAATTTGACTCAACACGGGGAAACTCACCAGGTCCAGACA
AAATAAGGATTGACAGATTGAGAGCTCTTTCTTGATCTTTTGGATGGTGGTGCATGGCCGTTCTTAGTTG
GTGGAGTGATTTGTCTGCTTAATTGCGATAACGAACGAGACCTCGGCCCTTAAATAGCCCGGTCCGCGT
GTGCGGGC

　　将 PCR 扩增获得的 ITS rDNA 序列在 NCBI 中进行 BLAST 比对,结果表明,该序列与
Aspergillus oryzae 的 ITS 序列同源性很高,相似性达 100%。基于 ITS rDNA 序列构建系统

发育树(图 7-17),从系统发育树可以看出每一个种分别形成一个独立的分枝,菌株 TS47 与 *Aspergillus oryzae* (KT274812. 1)、*Aspergillus oryzae* (KM458780. 1)、*Aspergillus oryzae* (KX527867.1)聚为一枝,表现出非常近的亲缘关系。

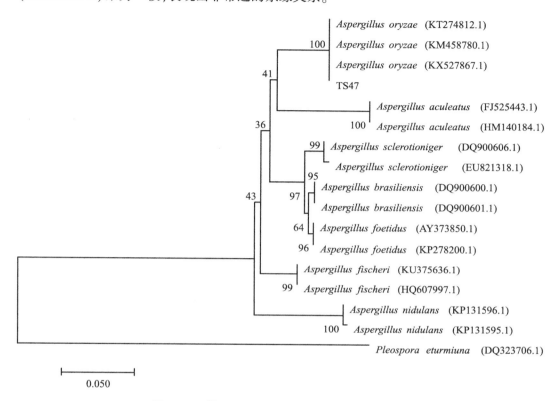

图 7-17　基于 ITS rDNA 基因序列构建的邻接树

菌株 TS47 的 ITS rDNA 基因序列:

CTGCGGAAGGATCATTACCGAGTGTAGGGTTCCTAGCGAGCCCAACCTCCCACCCGTGTTTACTGTACC
TTAGTTGCTTCGGCGGGCCCGCCATTCATGGCCGCCGGGGGCTCTCAGCCCCGGGCCCGCGCCCGCCGG
AGACACCACGAACTCTGTCTGATCTAGTGAAGTCTGAGTTGATTGTATCGCAATCAGTTAAAACTTTCA
ACAATGGATCTCTTGGTTCCGGCATCGATGAAGAACGCAGCGAAATGCGATAACTAGTGTGAATTGCG
AATTCCGTGAATCATCGAGTCTTTGAACGCACATTGCGCCCCCTGGTATTCCGGGGGGCATGCCTGTCC
GAGCGTCATTGCTGCCCATCAAGCACGGCTTGTGTGTTGGGTCGTCGTCCCCTCTCCGGGGGGGACGGG
CCCCAAAGGCAGCGGCGGCACCGCGTCCGATCCTCGAGCGTATGGGGCTTTGTCACCCGCTCTGTAGGC
CCGGCCGGCGCTTGCCGAACGCAAATCAATCTTTTCCAGGTTGACCTCGGATCAGGTAGGGATACCCGC
TGAACTTAAGCATATCATA

根据 18S 和 ITS rDNA 基因序列分析结果,将香椿内生真菌 TS47 鉴定为半知菌类、丝孢纲、丝孢目、丛梗孢科、曲霉属、米曲霉 *Aspergillus oryzae*。

(七)菌株 56-50 的 18S 序列及其系统发育学分析

以提取出的菌株 56-50 的 DNA 为模板,对其 18S rDNA 基因片段进行 PCR 扩增,产物经 1%琼脂糖凝胶电泳,如图 7-18 所示,扩增产物为 1300 bp 左右的特异性扩增条带,大小与期望值相符。PCR 扩增产物由上海生工有限公司进行测序,测序结果表明:该菌株的 18S rDNA 基因序列长度为 1322 bp。

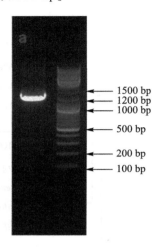

图 7-18　18S rDNA 基因片段扩增图谱

　　将 PCR 扩增获得的 18S rDNA 序列在 NCBI 中进行 BLAST 分析,结果表明,菌株 56-50 的 18S rDNA 序列与链格孢属 *Alternaria sp.* 的 18S 序列同源性最高,相似性达 100%。利用 ClastalX 与 Mega5.0 软件,基于 18S rDNA 序列构建系统发育树(图 7-19),从系统进化树上可以看出,每一个属分别形成一个独立的分枝,菌株 56-50 与 *Alternaria sp.*(KT192438.1)和 *Alternaria sp.*(GQ253348.1)处于同一分枝,亲缘关系最近,判断该菌株为链格孢属 *Alternaria sp.*。

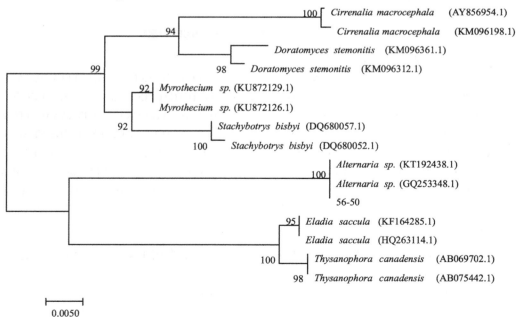

图 7-19　基于 18S rDNA 基因序列构建的邻接树

菌株 56-50 的 18S rDNA 基因序列：

TGTCGCATTATACCGTGAAACTGCGAATGGCTCATTAAATCAGTTATCGTTTATTTGATAATACCTTACT
ACTTGGATAACCGTGGTAATTCTAGAGCTAATACATGCTGAAAATCCCGACTTCGGAAGGGATGTGTTT
ATTAGATAAAAAACCAATGCCCTTCGGGGCTTTTTGGTGATTCATGATAACTTTACGGATCGCATAGCC
TTGCGCTGGCGACGGTTCATTCAAATTTCTGCCCTATCAACTTTCGATGGTAAGGTATTGGCTTACCATG
GTTTCAACGGGTAACGGGGAATTAGGGTTCGATTCCGGAGAGGGAGCCTGAGAAACGGCTACCACATC
CAAGGAAGGCAGCAGGCGCGCAAATTACCCAATCCCGACACGGGGAGGTAGTGACAATAAATACTGA
TACAGGGCTCTTTTGGGTCTTGTAATTGGAATGAGTACAATTTAAACCTCTTAACGAGGAACAATTGGA
GGGCAAGTCTGGTGCCAGCAGCCGCGGTAATTCCAGCTCCAATAGCGTATATTAAAGTTGTTGCAGTTA
AAAAGCTCGTAGTTGAAACTTGGGCCTGGCTGGCGGGTCCGCCTCACCGCGTGCACTCGTCCGGCCGGG
CCTTCCTTCTGAAGAACCTCATGCCCTTCACTGGGCGTGCTGGGGAATCAGGACTTTTACTTTGAAAAA
ATTAGAGTGTTCAAAGCAGGCCTTTGCTCGAATACGTTAGCATGGAATAATAAAATAGGGCGTGCGTTT
CTATTTTGTTGGTTTCTAGAGACGCCGCAATGATTAACAGGAACAGTCGGGGGCATCAGTATTCAGTTG
TCAGAGGTGAAATTCTTGGATTTACTGAAGACTAACTACTGCGAAAGCATTTGCCAAGGATGTTTTCAT
TAATCAGTGAACGAAAGTTAGGGGATCGAAGACGATCAGATACCGTCGTAGTCTTAACCGTAAACTAT
GCCGACTAGGGATCGGGCGATGTTCTTTTTCTGACTCGCTCGGCACCTTACGAGAAATCAAAGTTTTTG
GGTTCTGGGGGGATTATGGTCGCAAGGCTGAAACTTAAAGAAATTGACGGAAGGTCACCACCAGGCGT
GGAGCCTGCGGCTTAATTTGACTCAACACGGGGAAACTCACCAGGTCCAGATGAAATAAGGATTGACA
GATTGAGAGCTCTTTCTTGATTTTTCAGGTGGTGGTGCATGGCCGTTCTTAGTTCGTGGGGTGACTTGTC
TGCTTAATTGCGATAACGAGCGAGACCTTACTCTGCTAAATAGCCAGGCTAACTTTGGTTGGTCGCCGG
CTTCTTAGAGAGTG

第二节　发酵技术优化

　　发酵是指通过对微生物进行大规模的生长培养,使之发生化学变化和生理变化,从而产生和积累大量代谢产物的过程。微生物来源的活性物质的获得离不开发酵。在微生物活性物质的研究过程中,首先要对菌株进行发酵,然后再对发酵产物进行分离提取,获得目的物质。分离纯化操作步骤多,所以需要经过很长的一个分离流程后才能得到目的物质,却往往因为量不够无法进行活性筛选和结构解析。因此,为了得到足够的目标物质来进行筛选和结构解析,从发酵角度,一般采取如下方法解决该问题:一是增加发酵量来获得足够目标物质;二是对发酵条件进行优化,提高目标物质在发酵过程中的产率。由于第一种方法即不经济,又费时费力,所以一般选用第二种方法。微生物活性物质产生及其产量与发酵条件、培养基的组成密切相关,发酵条件和培养基的成分不但要满足菌株的生长,而且要能使菌株产生目的产物。因此本节采用 Plackett-Burman 试验、最陡爬坡试验和 Box-Behnken 响应曲面法对香椿内生真菌 TS4 的发酵培养基进行优化,以最大限度地提高发酵产物的抗氧化活性,为进一步分离鉴定其中的活性物质提供支持。该菌株的发酵产物具有很强的抗氧化活性,提示其中可能存在具有抗氧化活性的有机小分子物质,为今后进一步对该菌进行大发酵,分离纯化其中具有抗氧化活性的化合物提供了依据。

一、Plackett-Burman 设计筛选关键显著因子

本实验采用以试验次数为 12 的 Plackett-Burman 设计,对土豆、葡萄糖、麦芽糖、甘露醇、蛋白胨、酵母膏、味精、pH 值 8 个因素进行考察,每个因素取高(+1)、低(−1)两个水平,以抗氧化活性为响应值,结果见表 7-1、表 7-2。在香椿内生真菌 TS4 产生抗氧化活性物质的过程中,葡萄糖、味精、土豆这 3 个因素对活性影响显著,可考虑作为重要因素进一步做响应面分析,其他因素取值则根据各因素效应的正负和大小,正效应取较大值,负效应取较小值。实验选取表 7-1 中抗氧化活性最高的第 3 试验组对应的高低水平数值确定除上述 3 个因素以外的其他 5 个因素的取值(质量分数),即麦芽糖 2%,甘露醇 2%,蛋白胨 0.5%,酵母膏 0.3%,pH 值为 5。

表 7-1　Plackett-Burman 试验设计及结果

试验号	土豆	葡萄糖	麦芽糖	甘露醇	蛋白胨	酵母膏	味精	pH 值	抗氧化活性
1	1	−1	−1	−1	1	1	−1	1	90.25%
2	1	1	1	−1	−1	1	1	−1	96.64%
3	−1	1	−1	1	−1	−1	1	1	98.00%
4	1	−1	1	−1	−1	−1	1	1	91.37%
5	1	1	1	1	1	−1	−1	1	96.88%
6	1	1	−1	1	−1	1	−1	−1	93.61%
7	−1	1	1	−1	1	−1	−1	−1	92.01%
8	−1	−1	1	1	1	1	1	−1	88.57%
9	−1	−1	1	1	−1	1	−1	1	88.33%
10	1	−1	−1	−1	1	−1	−1	−1	97.68%
11	−1	1	−1	−1	1	1	1	1	97.20%
12	−1	−1	−1	−1	−1	−1	−1	−1	89.45%

表 7-2　Plackett-Burman 试验设计的因素水平及效应分析

因素	低水平(−1)	高水平(+1)	影响	平方和	贡献率(%)	重要性
土豆(%)	20	30	2.14	13.8	8.78	3
葡萄糖(%)	1	1.5	4.78	68.63	43.64	1
麦芽糖(%)	2	3	−2.07	12.79	8.13	4
甘露醇(%)	2	3	1.03	3.16	2.01	6
蛋白胨(%)	0.5	0.75	0.87	2.25	1.43	7
酵母膏(%)	0.3	0.45	−1.8	9.7	6.17	5
味精(%)	0.5	0.75	3.16	29.91	19.02	2
pH 值	5	7	0.68	1.38	0.88	8

二、最陡爬坡试验设计及结果

根据 Plackett-Burman 试验结果对葡萄糖、味精、土豆 3 个因素进行最陡爬坡试验。根据这 3 个因素的效应大小,设定变化方向和步长,见表 7-3。由表 7-3 可知,第 2 组发酵产物的抗氧化活性最高,其发酵培养基配方(质量分数):土豆 35%、葡萄糖 1.75%、味精 0.875%,其他成分为麦芽糖 2%,甘露醇 3%,蛋白胨 0.5%,酵母膏 0.3%,pH 值为 6。

表 7-3　最陡爬坡试验设计及结果

试验号	葡萄糖	味精	土豆	抗氧化活性
1	1.25%	0.625%	25%	95.33%
2	1.5%	0.75%	30%	96.80%
3	1.75%	0.875%	35%	94.28%
4	2%	1%	40%	93.78%

三、Box-Behnken 试验设计与分析

根据 Plackett-Burman 和最陡爬坡试验确定的因素与水平,采用 Box-Behnken 试验对香椿内生真菌 TS4 发酵培养基进行 3 因素 3 水平的响应面分析,设计结果见表 7-4。每个因素选取 3 个水平,以 -1,0,+1 编码,对数据进行二次回归拟合,分析各个因素的主效应与交互效应,在一定范围内求得最佳值。以抗氧化活性为响应值,并以葡萄糖、味精、土豆这 3 个因素为影响因子进行 Box-Behnken 响应面分析,如表 7-5 所示。

表 7-4　Box-Behnken 设计因素水平

因素	水平		
	-1	0	+1
葡萄糖	1.25%	1.5%	1.75%
味精	0.625%	0.75%	0.875%
土豆	25%	30%	35%

表 7-5　Box-Behnken 试验设计及结果

试验号	土豆	葡萄糖	味精	抗氧化活性
1	-1	-1	0	95.72%
2	1	-1	0	83.00%
3	-1	1	0	96.64%
4	1	1	0	87.80%
5	-1	0	-1	99.64%
6	1	0	-1	94.84%

续表7-5

试验号	土豆	葡萄糖	味精	抗氧化活性
7	−1	0	1	99.36%
8	1	0	1	81.72%
9	0	−1	−1	93.40%
10	0	1	−1	97.63%
11	0	−1	1	91.86%
12	0	1	1	91.73%
13	0	0	0	98.56%
14	0	0	0	99.24%
15	0	0	0	95.64%
16	0	0	0	93.08%
17	0	0	0	97.18%

表7-6 模型回归方程方差分析

方差来源	平方和	自由度	均方	F值	P值	显著性
模型	437.27	9	48.59	11.63	0.0019	* *
A(土豆)	242	1	242	57.91	0.0001	* *
B(葡萄糖)	12.06	1	12.06	2.89	0.1332	
C(味精)	54.27	1	54.27	12.99	0.0087	* *
A^2	34.36	1	34.36	8.22	0.0241	*
B^2	40.28	1	40.28	9.64	0.0172	*
C^2	2.170E−004	1	2.170E−004	5.194E−005	0.9945	
AB	3.76	1	3.76	0.9	0.3742	
AC	41.22	1	41.22	9.86	0.0164	*
BC	4.75	1	4.75	1.14	0.3217	
残差	29.25	7	4.18			
失拟度	4.87	3	1.62	0.27	0.8471	
误差	24.38	4	6.1			
总和	466.52	16				
R^2	0.9373					
R^2_{Adj}	0.8567					
C.V.%	2.18					
Adeq Precision	11.11					

注:* * 表示差异极显著($P<0.01$);* 表示差异显著($P<0.05$)。

利用数据统计分析软件 Design Expert 6.0 对实验数据进行二次多项回归拟合。由表 7-6 可知,此模型回归显著($P = 0.0019 < 0.05$),失拟项不显著($P = 0.8471 > 0.05$),说明方程对实验有较好的拟合性,实验误差较小;由 $R^2 = 0.9373$,$R^2_{Adj} = 0.8657$,说明该模型跟实际数据的拟合程度高;由变异系数(C.V.%)值为 2.18%、Adeq Precision(信噪比)值大于 4 可见,回归方程可信度高,能够很好地对香椿内生真菌 TS4 发酵产物的抗氧化活性进行预测。所得回归方程见以下公式。

$$Y = 96.74 - 5.50A + 1.23B - 2.60C - 2.86A^2 - 3.09B^2 + 0.01C^2 + 0.97000AB - 3.21AC - 1.09BC$$

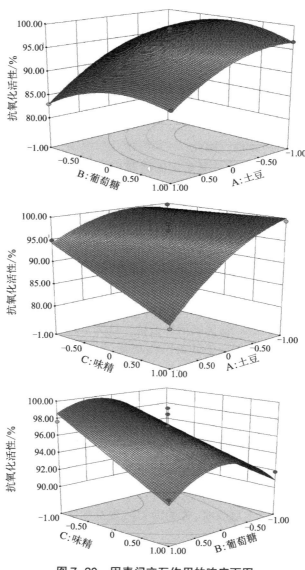

图 7-20　因素间交互作用的响应面图

图 7-20 反映了各因素对响应值抗氧化活性的影响,可以看出土豆与味精的质量分数的交互作用对抗氧化活性的影响显著($P<0.05$),土豆与葡萄糖、味精与葡萄糖的质量分数的交互作用对抗氧化活性的影响都不显著($P>0.05$),与方差分析结果一致。

四、验证试验

由 Design-Expert 6.0 软件分析得出最佳发酵培养基配方为:土豆 25.45%、葡萄糖 1.49%、麦芽糖 2.00%、甘露醇 3.00%、蛋白胨 0.50%、酵母膏 0.30%、味精 0.86%、pH 值为 6。此条件下,抗氧化活性为 99.67%。为检验响应面法的可靠性,在最佳培养基条件下进行验证实验。此条件下进行 3 次平行实验,抗氧化活性为 99.21%,与预测值接近,说明回归方程能比较真实地模拟各因素对抗氧化活性的影响,因此,使用该回归模型优化香椿内生真菌 TS4 抗氧化发酵产物的培养基是可行的。

第三节　次生代谢产物功能活性评价

α-葡萄糖苷酶抑制剂是一类治疗 II 型糖尿病的口服降糖药,主要通过抑制 α-葡萄糖苷酶的活性,降低餐后高血糖。因此,α-葡萄糖苷酶抑制剂的开发对糖尿病患者控制餐后血糖水平具有重要意义。活性氧是细胞代谢中所产生的自由基,会导致蛋白质、脂肪、DNA 等生物大分子的氧化损伤,而长期处于氧化损伤状态会导致诸如心血管疾病、慢性炎症等慢性疾病。因此,抗氧化剂的研究对治疗心血管疾病、延缓机体衰老也具有重要意义。随着抗菌药物的广泛应用和滥用,耐药菌株不断增加,抗感染治疗陷入耐药菌危机之中。为了应对耐药菌感染,人们不断研究和开发新型抗菌药物。而香椿内生真菌作为一种天然活性物质资源库,对开发具有降糖、抗氧化和抗菌活性的活性物质具有重要的研究意义。

本节以香椿植物中分离纯化得到的内生真菌为对象,以 α-葡萄糖苷酶抑制活性、抗氧化活性和抗细菌活性为指标,筛选高活性菌株。这为后期香椿内生真菌的开发利用提供了理论参考,为从香椿内生真菌中获得结构新颖、生物活性多样高效的次生代谢产物提供了研究基础。

一、菌株次生代谢产物的制备

(一)菌株发酵

将 4 ℃冰箱保藏的香椿内生真菌接种到 PDA 固体培养基平板上,28 ℃培养箱活化培养 4 d,然后接种到盛有 200 mL 液体发酵培养基的锥形三角瓶中,28 ℃ 150 r/min 摇床发酵培养 7 d。

PDA 液体发酵培养基:土豆 20%,葡萄糖 1%,麦芽糖 2%,甘露醇 2%,蛋白胨 0.5%,酵母膏 0.3%,味精 0.5%,pH 值 6.0。

(二)提取

菌株发酵完成后,发酵培养液先用匀浆搅拌机搅碎,再用布氏漏斗抽滤,得到发酵液和菌丝体。然后分别采用等量乙酸乙酯对发酵液和菌丝体进行萃取,重复 3 次,合并得到乙酸乙酯提取液。

（三）浓缩

将乙酸乙酯提取液用旋转蒸发仪于 40 ℃减压浓缩蒸干，即得到菌株的次级代谢产物浸膏。

（四）样品液配制

将浓缩后的发酵浸膏用无水乙醇溶解配成一定质量浓度（10 mg/mL）的溶液，备用待测。

二、抗菌活性测定

（一）抗细菌活性

病原细菌：欧文氏菌 *Erwinia sp.*（ATCC 02203）、茄科雷尔氏菌 *Ralstonia solanacearum*（ATCC 01474）、野油菜黄单胞菌 *Xanthomonas campestris*（ATCC 10491）、水稻白叶枯病菌 *Xanthomonas oryzae*（ATCC 11602）、豪氏变形杆菌 *Proteus hauseri*（ATCC 10497）、铜绿假单孢菌 *Pseudomonas aeruginosa*（ATCC 10500）、大肠杆菌 *Escherichia coli*（ATCC 25922）、金黄色葡萄糖球菌 *Staphylococcus aureus*（ATCC 25923）。

测试细菌接种于液体培养基中，培养 12 h。

将培养基在 121 ℃下高压灭菌 30 min，冷却至约 40~50 ℃后，在净化工作台上将无菌培养基倒入 90 mm 无菌培养皿中，培养基凝固后，吸取 200 μL 菌悬液置于培养皿中央，用涂布棒涂布均匀，然后用灭菌镊子在培养皿中放入无菌牛津杯，在其中加入 200 μL 供试样液（平行 3 次），同时作溶剂和阳性对照实验。平板于 30 ℃培养 12 h 后观察并测定抑菌圈的直径。其中，阳性对照为 1 mg/mL 链霉素，阴性对照为乙醇溶剂。

★液体培养基

营养肉汁培养基：蛋白胨 1%，牛肉提取物 0.3%，NaCl 0.5%，pH 值 7.0。

胰化酪蛋白胨大豆肉汁培养基：TSB 3%。

醋酸菌培养基：葡萄糖 10%，酵母提取物 1%，$CaCO_3$ 2%，pH 值 6.8。

LB 培养基：酵母提取物 0.5%，蛋白胨 1%，NaCl 1%，pH 值 7.0。

★固体培养基

营养肉汁琼脂培养基：蛋白胨 1%，牛肉提取物 0.3%，NaCl 0.5%，琼脂 2%，pH 值 7.0。

胰化酪蛋白胨大豆肉汁琼脂培养基：TSB 3%，琼脂 2%。

醋酸菌琼脂培养基：葡萄糖 10%，酵母提取物 1%，$CaCO_3$ 2%，琼脂 2%，pH 值 6.8。

LB 琼脂培养基：酵母提取物 0.5%，蛋白胨 1%，NaCl 1%，琼脂 2%，pH 值 7.0。

表 7-7 6 株香椿内生真菌的抗细菌活性

样品菌株	指示菌							
	欧文氏菌	茄科雷尔氏菌	野油菜黄单孢菌	水稻白叶枯病菌	豪氏变形杆菌	铜绿假单孢菌	大肠杆菌	金黄色葡萄球菌
TS4	×	×	×	×	×	×	×	+
TS5	×	×	×	×	×	×	×	+

续表 7-7

样品菌株	指示菌							
	欧文氏菌	茄科雷尔氏菌	野油菜黄单孢菌	水稻白叶枯病菌	豪氏变形杆菌	铜绿假单孢菌	大肠杆菌	金黄色葡萄球菌
TS8	++	+	×	×	×	×	×	+
TS13	×	×	×	×	×	+	×	+
TS47	×	×	×	×	×	+	+	+
56-50	×	×	×	×	++	++	×	×
阳性	++	++	×	++	++	++	++	++
阴性	×	×	×	×	×	×	×	×

注:++表示较强抗菌活性;+表示弱抗菌活性;×表示无抗菌活性。

经反复筛选,发现部分香椿内生真菌具有较好的抗细菌活性,对指示菌具有不同程度的抗菌能力。其中,菌株 56-50 对铜绿假单胞菌和豪氏变形杆菌均具有较强抗菌活性。菌株 TS8 对欧文氏菌具有较强抗菌活性,对茄科雷尔氏菌也具有一定的抗菌活性。

(二)抗真菌活性

病原真菌:玉蜀黍平脐蠕孢 *Bipolaris maydis*（ATCC 36265）、灰葡萄孢 *Botrytis cinerea*（ATCC 36259）、棉花枯萎病菌 *Fusarium oxysporum f. sp. Vasinfectum*（ATCC 36882）、立枯丝核菌 *Rhizoctonia solani*（ATCC 36246）、禾谷镰孢 *Fusarium graminearum*（ATCC 36249）、稻瘟病菌 *Pyricularia oryzae*（ATCC 37631）、辣椒炭疽病菌 *Colletotrichum capsici*（ATCC 37050）、辣椒疫霉 *Phytophthora capsici Leonian*（ATCC 37401）

PDA 固体培养基(质量分数):土豆20%,葡萄糖2%,琼脂2%,pH=7。

酵母粉-淀粉琼脂培养基(质量分数):酵母提取物0.2%,可溶性淀粉1%,琼脂2%,pH 值 7.3。

滤纸片扩散法:用灼烧过的直径为 5 mm 无菌打孔器在长好的植物病原真菌菌落边缘分别切取大小为 5 mm 的圆形菌饼,并分别放入 PDA 平板中,将滤纸片(直径=5 mm)事先高温高压灭菌,放入距病原菌菌饼4 cm 处的同一个 PDA 平板培养基中,用移液枪吸取 3 μL 内生真菌发酵物滴入滤纸片上,内生真菌提取物和病原菌的菌丝块处在同一直线的两点上。并使提取液充分吸收,用微风吹干,标记平板并封口,做 3 次重复。设置将只滴有 3 μL 甲醇并吹干的滤纸片为阴性对照,28 ℃恒温培养 3~7 d,观察有无抑菌带出现,并测定抑菌带的大小,抑菌带越大,表示该菌的抑菌效果越强。

$$生长抑制率(\%) = \frac{对照组病原菌生长半径 r_0 - 处理组病原菌生长半径 r_病(cm)}{对照组病原菌生长半径 r_0(cm)} \times 100\%$$

(7-1)

结果:经检测,发现香椿内生真菌的抗真菌活性均比较弱。

三、体外抗氧化活性测定

（一）ABTS·+自由基清除能力的测定

参照 Ozcan Erel 提出的用 H_2O_2/ABTS/醋酸盐缓冲液体系来生成 ABTS·+，这种方法产生的 ABTS·+十分稳定。具体方法如下：

将 0.549 g ABTS·+溶解在 100 mL 的 2 mmol/L H_2O_2 醋酸钠盐溶液中（最终浓度：10 mmol/L），室温放置 1 h，有特征的蓝绿色 ABTS·+产生。然后将 10 mmol/L 的 ABTS·+用醋酸钠盐缓冲液（pH＝3.6）稀释到 734 nm 下吸光度 0.70±0.02。取 150 μL 无水乙醇溶解的样品溶液，加入 3 mL ABTS·+溶液，准确震荡 30 s，测定反应液在 734 nm 下的吸光度值。同时以相同浓度的维生素 C 溶液为对照，平行测定 3 次。ABTS·+清除率公式：

$$ORSC = \frac{A_0 - (A_t - B)}{A_0} \times 100\% \tag{7-2}$$

式中　A_0——未加样的 ABTS·+的吸光度值；

　　　A_t——样品与 ABTS·+反应后的吸光度值；

　　　B——样品空白的吸光度值。

（二）DPPH 自由基清除能力的测定

准确称取 0.0197 g DPPH，用无水乙醇定容至 250 mL，配成 2×10^{-4} mol/L 的 DPPH 溶液。取样品液和 2×10^{-4} mol/L DPPH 溶液各 2 mL 分别加入试管中，摇匀，室温下避光放置 30 min，使其充分反应。以无水乙醇为参比在 517 nm 波长处比色，测定其吸光度 A_i；同时测定 2 mL 无水乙醇与 2 mL DPPH 溶液的混合液的吸光度 A_c 和 2 mL 样品溶液与 2 mL 无水乙醇的吸光度 A_j。同时以相同浓度的维生素 C 溶液为对照，平行测定 3 次。计算 DPPH 自由基清除率见公式。

$$清除率（\%） = \frac{A_c - (A_i - A_j)}{A_c} \times 100\% \tag{7-3}$$

（三）羟自由基清除能力的测定

取 10 mL 比色管，依次加入样品液（配制成 5 mg/mL 浓度），8.0 mmol/L 硫酸亚铁 0.3 mL，20 mmol/L 过氧化氢 0.25 mL，3.0 mmol/L 水杨酸 1.0 mL。在 37 ℃水浴中反应 30 min，流水冷却，再分别补加 0.45 mL 蒸馏水，使体系终体积为 3.0 mL，测定 510 nm 处吸光值，同时以相同浓度的维生素 C 溶液为对照，平行测定 3 次。清除率计算公式如下：

$$清除率（\%） = \frac{A_0 - (A_i - A_j)}{A_0} \times 100\% \tag{7-4}$$

式中　A_0——用蒸馏水代替样品溶液的吸光值；

　　　A_i——样品溶液的吸光值；

　　　A_j——用蒸馏水代替水杨酸的吸光值。

表 7-8　6株香椿内生真菌的体外抗氧化活性

样品菌株	ABTS·⁺自由基清除率	DPPH 自由基清除率	羟自由基清除率
TS4	38.05%	94.98%	45.11%
TS5	22.20%	52.03%	55.17%
TS8	48.20%	74.68%	45.33%
TS13	6.93%	12.29%	45.19%
TS47	71.16%	94.55%	59.99%
56-50	95.92%	91.77%	37.14%
维生素 C	92.41%	95.62%	99.75%

通过测定香椿内生真菌次级代谢产物的抗氧化活性,可以看出:菌株 56-50 和 TS47 均具有较高的 ABTS 清除活性,其中菌株 56-50 的 ABTS 清除率为 95.92%,高于对照品维生素 C 的 ABTS 清除率(92.41%);菌株 TS4、TS47、56-50 均具有较高的 DPPH 清除活性,分别为 94.98%、94.55%、91.77%,与对照品维生素 C 的活性(95.62%)相差不大。

四、体外降血糖活性测定

抗 α-葡萄糖苷酶活性测定:在 620 μL 0.1 mol/L 磷酸钾缓冲液(pH=6.8)中,加入 5 μL α-葡萄糖苷酶溶液与 10 μL 待测样品液,37.5 ℃预热 20 min,加入 10 μL 对硝基苯基葡萄糖苷(pNPG,10 mmol/L)作为反应底物以启动反应,37.5 ℃下反应 30 min。然后加入 650 μL 1 mol/L Na$_2$CO$_3$终止反应,在 410 nm 处测定酶活。同时以相同浓度的阿卡波糖溶液为对照,平行测定 3 次。样品液用量如表 7-9 所示:

表 7-9　反应条件

样品	空白组	样品组	背景组
磷酸钾缓冲液	630 μL	620 μL	625 μL
α-葡萄糖苷酶	5 μL	5 μL	0
样品液	0	10 μL	10 μL
pNPG	10 μL	10 μL	10 μL
Na$_2$CO$_3$终止液	650 μL	650 μL	650 μL

计算公式如下:

$$酶活性抑制率(\%)=\frac{A_{空白}-(A_{样品}-A_{背景})}{A_{空白}}\times100\% \tag{7-5}$$

表 7-10　6株香椿内生真菌的体外降血糖活性

样品菌株	抗 α-葡萄糖苷酶活性
TS4	19.48%
TS5	24.73%
TS8	17.80%
TS13	22.50%
TS47	12.76%
56-50	24.98%
对照	19.64%

　　由实验结果表明,在 10 mg/mL 的样品浓度下,内生真菌 TS4、TS5、TS8、TS13、TS47、56-50 的次级代谢产物均具有一定程度的抑制 α-葡萄糖苷酶活性。其中,菌株 56-50 抑制活性最高,为 24.98%,高于对照品 19.64%。

　　综上所述,本节通过构建一套活性功能评价体系,来对菌株次级代谢产物的离体抗菌活性、体外抗氧化活性及体外降血糖活性进行测试研究。在抗菌活性方面,发现香椿内生真菌对指示细菌具有不同程度的抗菌能力。其中,菌株 56-50 对铜绿假单胞菌和豪氏变形杆菌均具有较强抗菌活性。菌株 TS8 对欧文氏菌具有较强抗菌活性,对茄科雷尔氏菌也具有一定的抗菌活性。在抗氧化活性方面,菌株 56-50 和 TS47 均具有较高的 ABTS 清除活性,其中菌株 56-50 的 ABTS 清除率为 95.92%,高于对照品维生素 C 的 ABTS 清除率(92.41%);菌株 TS4、TS47、56-50 均具有较高的 DPPH 清除活性,分别为 94.98%、94.55%、91.77%,与对照品维生素 C 的活性(95.62%)相差不大。在降血糖活性方面,内生真菌 TS4、TS5、TS8、TS13、TS47、56-50 的次级代谢产物均具有一定程度的抑制 α-葡萄糖苷酶活性。其中,菌株 56-50 抑制活性最高,为 24.98%,高于对照品 19.64%。

参考文献

[1] 曾松荣,徐成东,王海坤,等. 药用植物内生真菌及其具宿主相同活性成分的机制初探[J]. 中草药,2000, 31(4): 306-308. DOI: 10.3321/j.issn:0253-2670.2000.04.035.

[2] ZHAO K, YU L, JIN Y Y, et al. Advances and prospects of taxol biosynthesis by endophytic fungi[J]. Chinese Journal of Biotechnology, 2016, 32(8): 1038-1051. DOI: 10.13345/j.cjb.15051.

[3] HUNT J, BODDY L, RANDERSON P F. An evaluation of 18S rDNA approaches for the study of fungal diversity in grassland soils[J]. Microbial Ecology, 2004, 47: 385-395.

[4] STEINER G, MÜLLER M. What can 18S rDNA do for bivalve phylogeny[J]. J Mol Evol, 1996, 43: 58-70.

[5]吴清平,黄龙花,杨小兵,等.核酸序列分析在真菌分类鉴定中的应用[J].中国卫生检验杂志,2009,19(4):959-961.

[6]黄龙花,杨小兵,胡惠萍,等.rDNA部分序列在食用菌进化关系研究中的应用[J].中国卫生检验杂志,2011,21(7):1607-1610.

[7]陈剑山,郑服丛.ITS序列分析在真菌分类鉴定中的应用[J].安徽农业科学,2007,35(13):3785-3786.

[8]GUO L D, HYDE K D, LIEW E C Y. Identification of endophytic fungi from Livistona chinensis based on morphology and rDNA sequences[J]. New Phytologist, 2000, 147(3):617-630. DOI: https://doi.org/10.1046/j.1469-8137.2000.00716.x.

[9]王晓敏,王惠,刘天行,等.一株不产生孢子的盐生海芦笋内生真菌鉴定[J].食品科学,2013,34(17):146-149. DOI: 10.7506/spkx1002-6630-201317032.

[10]LIANG X H, CAI Y J, LIAO X R, et al. Isolation and identification of a new hypocrellin A-producing strain Shiraia sp. SUPER-H168[J]. Microbiological Research, 2009, 164(1):9-17. DOI: 10.1016/j.micres.2008.08.004.

[11]陈志杰,韩永斌,沈昌,等.Plackett-Burman设计在灵芝生长及产胞外多糖主要影响因子筛选中的应用[J].食品科学,2005,26(12):115-117. DOI: 10.3321/j.issn:1002-6630.2005.12.023.

[12]KORAYEM A S, ABDELHAFEZ A A, ZAKI M M, et al. Optimization of biosurfactant production by Streptomyces isolated from Egyptian arid soil using Plackett-Burman design[J]. Annals of Agricultural Science, 2015, 60(2):209-217. DOI: 10.1016/j.aoas.2015.09.001.

[13]杨杰,谷新晰,李晨,等.响应面法优化植物乳杆菌绿豆乳增殖培养基[J].中国食品学报,2015,15(12):83-90.

[14]KIM Y M, WANG M H, RHEE H I. A novel a-glucosidase inhibitor from pine bark[J]. Carbohydrate Research, 2004, 339:715-717. DOI: http://dx.doi.org/10.1016/j.carres.2003.11.005.

[15]马燕燕,鲁晓翔.天然产物α-葡萄糖苷酶抑制剂筛选研究进展[J].粮食与油脂,2010,6:7-10. DOI: 10.3969/j.issn.1008-9578.2010.06.003.

[16]CHEN C, YOU L J, ABBASI A M, et al. Optimization for ultrasound extraction of polysaccharides from mulberry fruits with antioxidant and hyperglycemic activity in vitro[J]. Carbohydrate Polymers, 2015, 130(5):122-132. DOI: http://dx.doi.org/10.1016/j.carbpol.2015.05.003.

[17]赵文竹.玉米须功能因子活性评价及其降血糖机理研究[D].长春:吉林大学,2014:63-64.

[18]肖枚.芦蒿的矿物元素新法测定及其开发利用[J].食品与发酵工业,2003,29(8):106-107. DOI: 10.3321/j.issn:0253-990X.2003.08.026.

[19]赵呈雷.芦蒿秸秆提取物抗氧化作用及其制剂学初步研究[D].镇江:江苏大学,2007:37-38.

[20]SUN T, HO C. Antioxidant activities of buckwheat extracts[J]. Food Chemistry, 2005, 90 (4): 743-749. DOI: 10.1016/j.foodchem.2004.04.035.

[21]GOMEZ S, COSSON C, DESCHAMPS A M. Evidence for a bacteriocin-like substance produced by a new strain of Streptococcus sp., inhibitory to Gram-positive food-borne pathogens[J]. Research in Microbiology, 1997, 148(9): 757-66. DOI: http://dx.doi.org/10.1016/S0923-2508(97)82451-5.